《数学中的小问题大定理》丛书（第九辑）

费马数与广义费马数
——从一道USAMO试题的解法谈起

刘培杰数学工作室 编

- ◎ 从一道USAMO试题的解法谈起
- ◎ 迪克森论费马数
- ◎ 费马数是复合数的一个充要条件
- ◎ 费马数和梅森数的方幂性
- ◎ 关于费马数的最大素因数
- ◎ 广义费马数中的孤立数
- ◎ 广义费马数与伪素数

哈尔滨工业大学出版社
HARBIN INSTITUTE OF TECHNOLOGY PRESS

内 容 简 介

本书共包括 19 章,内容包括:从一道 USAMO 试题的解法谈起、一道 1940 年的匈牙利数学竞赛试题、费马其人、迪克森论费马数、费马数是复合数的一个充要条件、费马数和梅森数的方幂性、费马数为质数的一个充要条件、关于居加猜测与费马数为素数的充要条件、几个有关费马数的结论、费马数取模的一个结论、关于费马数的最大素因数、费马数的 Smarandache 函数值的下界、费马数和一类极大周期序列的 2-adic 复杂度、搜寻广义费马素数、$b \leqslant 2\ 000$,$m \leqslant 10$ 的广义费马素数、广义费马素数性判定问题的几个结论、广义费马数中的孤立数、关于广义费马数 $F_{(6,1,n)}$ 的一个结论、广义费马数与伪素数.

本书适合高等学校数学专业学生、教师及相关领域研究人员和数学爱好者参考阅读.

图书在版编目(CIP)数据

费马数与广义费马数:从一道 USAMO 试题的解法谈起/
刘培杰数学工作室编. —哈尔滨:哈尔滨工业大学出版
社,2025.1. —ISBN 978-7-5767-1839-3

Ⅰ.O156-49

中国国家版本图书馆 CIP 数据核字 2025MN8325 号

FEIMASHU YU GUANGYI FEIMASHU:CONG YIDAO USAMO SHITI
DE JIEFA TANQI

策划编辑	刘培杰　张永芹
责任编辑	李广鑫
封面设计	孙茵艾
出版发行	哈尔滨工业大学出版社
社　　址	哈尔滨市南岗区复华四道街 10 号　邮编 150006
传　　真	0451-86414749
网　　址	http://hitpress.hit.edu.cn
印　　刷	辽宁新华印务有限公司
开　　本	787 mm×1092 mm　1/16　印张 8.25　字数 126 千字
版　　次	2025 年 1 月第 1 版　2025 年 1 月第 1 次印刷
书　　号	ISBN 978-7-5767-1839-3
定　　价	48.00 元

(如因印装质量问题影响阅读,我社负责调换)

目 录

第1编 引 言

第1章 从一道 USAMO 试题的解法谈起 ……… 3
    1.1 引言 ……… 3
    1.2 费马数与费马断言 ……… 4
    1.3 费马数与 $k \cdot 2^n + 1$ 型数 ……… 5
    1.4 费马数的素性判别法 ……… 6
    1.5 关于 $k \cdot 2^m + 1$ 型数 ……… 6
    1.6 费马数的分解与计算机的应用 ……… 9
    1.7 推广的费马数 ……… 10
    1.8 费马数与费马大定理 ……… 11
    1.9 费马数在几何作图中的应用 ……… 12
    1.10 费马数与数论变换 ……… 12
    1.11 与费马数相关的两个问题 ……… 13

第2章 一道1940年的匈牙利数学竞赛试题 ……… 14

第3章 费马其人 ……… 19
    3.1 出身贵族的费马 ……… 19
    3.2 官运亨通的费马 ……… 20
    3.3 淡泊致远的费马 ……… 21
    3.4 复兴古典的费马 ……… 22
    3.5 议而不作的费马 ……… 24

第4章 迪克森论费马数 ……… 27

第2编 费马数的性质及应用

第5章 费马数是复合数的一个充要条件 ……… 37

第6章　费马数和梅森数的方幂性 ……………………………………… 39
第7章　费马数为素数的一个充要条件 …………………………………… 41
第8章　关于居加猜测与费马数为素数的充要条件 ……………………… 44
　　8.1　预备知识 ……………………………………………………………… 44
　　8.2　引理 …………………………………………………………………… 45
　　8.3　定理1、定理2的证明 ………………………………………………… 47
第9章　几个有关费马数的结论 …………………………………………… 50
第10章　费马数取模的一个结论 …………………………………………… 58
　　10.1　引理 …………………………………………………………………… 59
　　10.2　定理的证明 …………………………………………………………… 59
　　10.3　推论 …………………………………………………………………… 61
　　10.4　结语 …………………………………………………………………… 62
第11章　关于费马数的最大素因数 ………………………………………… 63
第12章　费马数的Smarandache函数值的下界 …………………………… 65
　　12.1　引言 …………………………………………………………………… 65
　　12.2　若干引理 ……………………………………………………………… 66
　　12.3　定理的证明 …………………………………………………………… 67
第13章　费马数和一类极大周期序列的2-adic复杂度 …………………… 69
　　13.1　预备知识 ……………………………………………………………… 70
　　13.2　单圈T函数序列的2-adic复杂度 ………………………………… 73

第3编　广义费马数及其应用

第14章　搜寻广义费马素数 ………………………………………………… 81
　　14.1　引言 …………………………………………………………………… 81
　　14.2　定义与符号 …………………………………………………………… 82
　　14.3　定理与算法 …………………………………………………………… 83
　　14.4　运行结果 ……………………………………………………………… 84
　　14.5　结论与猜想 …………………………………………………………… 85
第15章　$b\leqslant 2\,000,m\leqslant 10$的广义费马素数 ……………………………… 87
第16章　广义费马数素性判定问题的几个结论 …………………………… 91
第17章　广义费马数中的孤立数 …………………………………………… 94
第18章　关于广义费马数$F_{(6,1,n)}$的一个结论 ……………………………… 98
　　18.1　引言 …………………………………………………………………… 98
　　18.2　引理 …………………………………………………………………… 99
　　18.3　定理的证明 …………………………………………………………… 100
第19章　广义费马数与伪素数 ……………………………………………… 102
　　19.1　定理1的证明 ………………………………………………………… 103
　　19.2　定理2的证明 ………………………………………………………… 104

第1编
引 言

从一道 USAMO 试题的解法谈起

> 数学家永远也不应该让自己忘记,数学与任何其他艺术或科学相比,数学更加是青年人的游戏.
>
> —— 哈代(Hardy)

第 1 章

1.1 引 言

始于1972年的美国数学奥林匹克(简称USAMO)是目前美国中学生所参加的 4 种数学竞赛(AHSME,AIME,USAMO,AJHSME)中水平最高的一种.代表美国参加国际数学奥林匹克竞赛(IMO)的 6 名选手就在其优胜者中遴选,在国际上有一定的影响力.1982年举行的第 11 届 USAMO 中有一道初等数论的试题为:

试题 证明存在一个正整数 k,使得对各个正整数 n,$k \cdot 2^n + 1$ 都是合数.

熟悉数论的读者马上会看出,这是以费马(Fermat)数为背景的试题.因为费马数的素因子都形如 $k \cdot 2^n + 1$.这种形式的数在费马数的研究中占有极重要的地位,下面我们将对费马数及 $k \cdot 2^n + 1$ 型数做介绍.

1.2 费马数与费马断言

1640 年法国数学家费马在给侣僧梅森(Mersenne)的一封信中,提到了一种现在以他的名字命名的数——费马数,即
$$F_n = 2^{2^n} + 1 \quad (n = 0, 1, 2, \cdots)$$
基于 F_0, F_1, F_2, F_3, F_4 都是素数,费马宣称,对所有的自然数 n, F_n 都是素数. 但没过 100 年,到了 1732 年瑞士大数学家欧拉(Euler)就指出, F_5 是合数,它可分解为
$$F_5 = 4\ 294\ 967\ 297 = 641 \times 6\ 700\ 417$$

对此人们一直怀疑费马作为伟大的数学家似乎不可能仅凭这 5 个数就做出这样的断言. 美国著名的趣味数学家 R. Honsberger 在 1973 年出版的 *Mathematical Gems* 中提出了一个令人较为信服的解释,他指出,早在 2 500 年前中国古人就通过数值检验而确信了这样一条定理:"若正整数 $n > 1$,且 $n \mid (2^n - 2)$,则 n 一定为素数."这可以看作费马小定理——若 p 是素数,$a \in \mathbf{Z}$,则 $p \mid (a^p - a)$,当 $a = 2$ 时的逆命题. 现在通过计算已经证明,当 $1 < n < 300$ 时我国古人得出的这个命题是正确的. 但对超过这个范围的数就不一定了. 例如 $n = 341$ 就是一个反例,我们将满足 $n \mid (2^n - 2)$ 的合数称为假素数,我们还能用 341 构造出无穷多个奇假素数. 1950 年美国数论专家莱默(D. H. Lehmer)还找到了偶假素数 161 038,紧接着 1951 年阿姆斯特丹的 N. G. W. H. Beeger 证明了偶假素数也有无穷多个.

但这些都是后话,当时就连莱布尼兹(Leibniz)这样的大数学家在研究了《易经》的这一记载之后都相信了这一结果. 所以费马很可能也知道这个中国最古老的数论定理并也信以为真,用它来检验 F_n.

实际上,我们不难推断出 $F_n \mid (2^{F_n} - 2)$,只要注意到当 $n > 1$ 时,$n + 1 < 2^n$,所以 $2^{n+1} \mid 2^{2^n}$. 设 $2^{2^n} = 2^{n+1} \cdot k$ (k 是自然数),那么
$$2^{F_n} - 2 = 2^{2^{2^n}+1} - 2 = 2(2^{2^{n+1} \cdot k} - 1) = 2[(2^{2^{n+1}})^k - 1]$$
所以,$(2^{2^{n+1}} - 1) \mid (2^{F_n} - 2)$. 而
$$2^{2^{n+1}} - 1 = (2^{2^n})^2 - 1 = (2^{2^n} + 1)(2^{2^n} - 1) = F_n(2^{2^n} - 1)$$
于是有 $F_n \mid (2^{F_n} - 2)$.

这就不难理解费马为什么会做出这样的断言.

需要指出的是,用 $n \mid (2^n - 2)$ 来检验 n 的素性虽然可能出错,但出错的可能性是相当小的. 有人计算过在 $n < 2 \times 10^{10}$ 的范围内,出错的概率小于

$\frac{19\ 865}{(882\ 206\ 716+19\ 865)}=0.000\ 022\ 5$. 因为隆德大学的 Bohman 教授曾证明了小于 2×10^{10} 的素数有 882 206 716 个,而 Selfridge 和 Wagstaff 计算出底为 2 的伪素数在 $1\sim 2\times 10^{10}$ 之间只有 19 865 个. 所以华罗庚先生在其《数论导引》中称:"此一推测实属不幸之至."

1.3 费马数与 $k\cdot 2^n+1$ 型数

1732 年大数学家欧拉成功地分解了 F_5 后,直到 1747 年才在一篇论文中向世人公布了他所使用的方法,主要基于以下的定理:

定理 1 若费马数 $2^{2^n}+1$ 不为素数,则其素因数一定形如 $2^{n+1}\cdot k+1$ ($k\in \mathbf{Z}$).

卓越的法国数论专家卢卡斯(Lucas)于 1877 年改进了欧拉的结果,他证明了 $2^{n+1}\cdot k+1$ 中的 k 总是偶数. 即:

定理 2 F_n 的每个因子 p 都具有形式 $2^{n+2}k+1$ ($k\in \mathbf{Z}$).

这样 F_n 的每个因子都在等差级数 $1, 2^{n+2}+1, 2\cdot 2^{n+2}+1, 3\cdot 2^{n+2}+1,\cdots$ 中了. 对于给定的 n,我们只需要计算出上述级数的每一项,并检验其是否为 F_n 的因子即可. 以 $n=5$ 为例,可能的因子序列为 $1,129,257,385,513,641,769,\cdots$. 但我们注意到其最小的非平凡因子一定是素数,所以复合数 $129,385,513$ 都不在试验之列. 另外,由于任两个不同的 F_n 都是互素的(后面将给出证明),所以 $F_3=257$ 也不在试验之列. 故试除的第一个便是 641,一试即中. 另一个因子 6 700 417 可写成 $2^{5+2}\times 52\ 347+1$.

正是利用以上有效的方法,1880 年兰德里(Landry)发现了 F_6 的复合性质,即

$$F_6=274\ 177\times 67\ 280\ 421\ 310\ 721$$

这时 $2^{n+2}=2^8=256$,F_6 的两个素因子可表示为 $274\ 177=1\ 071\times 256+1$,则

$$67\ 280\ 421\ 310\ 721=262\ 814\ 145\ 745\times 256+1$$

又如 1878 年苏联数学家彼尔武申(Ivan Miheevic Pervushin)证明了 F_{12} 能被 $7\times 2^{14}+1=114\ 689$ 整除,F_{23} 能被 $5\times 2^{25}+1=167\ 772\ 161$ 整除. 这是非常不易的,因为 $2^{2^{23}}+1$ 写成十进制数共有 2 525 223 位. 若用普通铅字将其排印出来,将会是长达 5 000 m 的一行. 倘若印成书将会是一部 1 000 页的巨册. (彼尔武申是靠在教会学校里自学而成为数学家的. 1883 年他还证明了 $2^{61}-1$ 是素数. 这个数被人称为彼尔武申数.) 更令人吃惊的是,1886 年 Selhoff 否定了 F_{36} 是素数,他证明了 F_{36} 能被

$$10 \times 2^{38} + 1 = 2\ 748\ 779\ 069\ 441$$

整除. 为了帮助我们想象数字 F_{36} 的巨大, 卢卡斯计算出 F_{36} 的位数比 220 亿还多, 印成一行铅字的话, 将比赤道还长.

1.4 费马数的素性判别法

欧拉和卢卡斯定理的作用仅限于当 F_n 是合数时去寻找它的因子, 那么如何去判断 F_n 是素数还是合数呢? 下面我们介绍 3 种方法.

判别法 1(康继鼎) 费马数 $F_m = 2^{2^m} + 1$ 是素数的充要条件是 $\sum_{k=1}^{F_m-1} k^{F_m-1} + 1 \equiv 0 \pmod{F_m}$.

利用解析数论中的 von Staudt-Clansen 定理及伯努利(Bernoulli)数还可以得到如下的判断法:

判别法 2 F_m 是素数的充要条件是 $F_m \nmid T_{F_m-2}$, 其中 T_n 称为正切数 (tangential number), 它是下述级数 $\tan Z = \sum_{n=0}^{\infty} T_n \dfrac{Z^n}{n!}$ 的系数.

现在人们所使用的判别法是 1877 年由 T. Pepin 提出的.

判别法 3 F_n 是素数的充要条件是 F_n 整除 $3^{(F_n-1)/2} + 1$.

利用这一判别法, 到目前为止我们所知道的费马素数仅仅是费马宣布的那 5 个——F_0, F_1, F_2, F_3, F_4, 此外还发现了 84 个费马型合数.

需要说明的是, 对于一些 F_n 我们可以得到其标准分解式, 如 F_5, F_6, F_7; 但对另一些我们仅知道其部分因子, 如 F_{1945}, 就是 F_8 也早在 1909 年就知道它是合数, 但直到 1975 年才找出它的一个因子, 甚至还有至今都没能找到其任一个因子的, 如 F_{14}, 尽管早在 1963 年就已经知道它是合数.

1.5 关于 $k \cdot 2^m + 1$ 型数

研究 $k \cdot 2^m + 1$ 型素数, 其意义主要有两个: 一是它对分解费马数有重要作用. 如前面定理 2 所示, F_n 的每个素因子都具有形式 $k \cdot 2^m + 1$, 其中 $m \geqslant n+1$, $k \in \mathbf{Z}$, 所以一旦知道了某些 $k \cdot 2^m + 1$ 是素数时, 便可用它们去试除 $F_n (n \leqslant m-2)$, 这样就有可能找到一些费马数的因子. 另外, 当验证了某个 $k \cdot 2^m + 1$ 是素数后, 若再能判断出 $k \cdot 2^m - 1$ 也是素数, 则可能找出一对孪生素数来, 例如孪生素数 $297 \times 2^{548} + 1, 297 \times 2^{548} - 1$ 就是这样找到的.

为了解决 $k \cdot 2^m + 1$ 的素性判别问题,Proth 首先给出了一个充要条件,这就是下面的定理:

定理 3 给定 $N = k \cdot 2^m + 1, k < 2^m$,先寻找一个整数 D,使得雅可比(Jacobi)符号 $(\frac{D}{k}) = -1$,则 N 是素数的充要条件是

$$D^{\frac{N-1}{2}} \equiv -1 \pmod{N}$$

利用 Proth 定理,Baillie,Robinson,Williams 等人对一些奇数 k 和 m 决定的数 $k \cdot 2^m + 1$ 做了系统的考察.他们的工作包括 3 个部分:一是对 $1 \leqslant k \leqslant 150$,$1 \leqslant m \leqslant 1\,500$ 找出了所有 $k \cdot 2^m + 1$ 型的素数;二是对 $3 \leqslant k \leqslant 29$ 和 $1\,500 < m \leqslant 4\,000$ 列出了所有 $k \cdot 2^m + 1$ 型的素数;三是他们顺便得到了 7 个新的费马数的因子.

目前对 $k \cdot 2^m + 1$ 型素数还有许多有趣的问题.1837 年狄利克雷(Dirichlet)利用高深的方法解决了著名的素数在算术级数中的分布问题.设 $\pi(x, k, l)$ 表示以自然数 l 为首项,以自然数 $k(\geqslant l)$ 为公差的算术级数中不超过 x 的素数的个数,则有:如果 $(l, k) = 1$,那么当 $x \to \infty$ 时,$\pi(x, k, l) \to \infty$.

显然当 m 固定时,序列 $\{k \cdot 2^m + 1\}$ 满足狄利克雷定理的条件,故它含有无限多个素数.人们自然会问,当 k 固定时,情况又将怎样呢? 是否仍含有无穷多个素数呢? Stark 证明了对某些固定的 k,上述结论不成立,他举例说,当 $k = 293\,536\,331\,541\,925\,531$ 时,序列 $\{k \cdot 2^m + 1\}$ 中连一个素数都没有.事实上这正是前文引言中那个第 11 届 USAMO 试题所要证明的结论.关于这一问题的结论最先是由波兰的数论专家希尔宾斯基(Sierpinski)得到的,他论证了当 $k \equiv 1 \pmod{641 \times (2^{32} - 1)}$ 或 $k \equiv -1 \pmod{6\,700\,417}$ 时,序列 $\{k \cdot 2^m + 1\}$ 中的每一项都能被 $3, 5, 17, 257, 641, 65\,537, 6\,700\,417$ 中的某一个整除.他还注意到,对某些其他的 k 值,序列 $\{k \cdot 2^m + 1\}$ 中的每一项都能被 $3, 5, 7, 13, 17, 241$ 中的某一个整除.

另一方面,设 $N(x)$ 表示不超过 x 的并且对某些正整数 m 使 $k \cdot 2^m + 1$ 为素数的奇正数 k 的个数,希尔宾斯基证明了 $N(x)$ 随 x 趋于无穷.匈牙利数学家厄多斯(Erdös)和 Odlyzko 还进一步证明了存在常数 C_1, C_2,使得

$$\left(\frac{1}{2} - C_1\right) x \geqslant N(x) \geqslant C_2 x$$

目前有一个尚未解决的问题是,对于所有的正整数 m,使 $k \cdot 2^m + 1$ 都为合数的最小的 k 值是什么? 现在的进展是,Selfridge 发现 $2, 5, 7, 13, 19, 37, 73$ 中的一个永远能整除 $\{78\,557 \times 2^m + 1\}$ 中的每一项,他还注意到对每一个小于 383 的 k 值 $\{k \cdot 2^m + 1\}$ 中都至少有一个素数存在,以及对所有 $m < 2\,313$ 的 m 值 $383 \times 2^m + 1$ 都是合数.N. S. Mendelsohn 和 B. Wolk 将其加强为 $m \leqslant 4\,017$.

看来 383 有希望成为这最小的 k 值,但不幸的是 Hugh Williams 发现,$383 \times 2^{6\,393}+1$ 是素数. 这一希望破灭了,看起来最小 k 值的确可由计算机找到,进一步的计算结果已由 Baillie,Cormack 和 Williams 做出,当发现了以下几个 $k \cdot 2^m+1$ 型的素数

$$k = 2\,897, 6\,313, 7\,493, 7\,957, 8\,543, 9\,323$$
$$n = 9\,715, 4\,606, 5\,249, 5\,064, 5\,793, 3\,013$$

后,他们得到了 k 值小于 78 557 的 118 个备选数. 这些数中的前 8 个是当

$$k = 3\,061, 4\,847, 5\,297, 5\,359, 7\,013, 7\,651, 8\,423$$
$$n \leqslant 16\,000, 8\,102, 8\,070, 8\,109, 8\,170, 8\,105, 8\,080, 8\,000$$

时各自都没有素数存在,但真正满足要求的 k 值还没有被确定.

还有两点需要指出:

(1) 一般说来,同一个 $k \cdot 2^m+1$ 型素因子不可能在 F_n 中出现两次. 因为有一个至今未被证明但看起来成立可能性很大的猜想:不存在素数 q,使 $q^2 \mid F_n$. 1967 年 Warren 证明了:如果素数 q 满足 $q^2 \mid F_n$,那么必有 $2^{q-1} \equiv 1 \pmod{q^2}$. 而这个同余式在 $q < 100\,000$ 时仅有 1 093 和 3 511 能够满足.

(2) 若 $k \cdot 2^m+1$ 是 F_n 的素因子中最大的一个,则 C. L. Stewart 用数论中深刻的丢番图(Diophantus)逼近论方法证明了:存在常数 $A > 0$ 使 $k \cdot 2^m+1 > An2^n, n=1,2,\cdots$. 但常数 A 的具体值还没有给出.

下面,我们将引言中的那道 USAMO 试题的证明转录于下以飨读者. 这道试题的证法目前仅有一种,而且很间接,显露出很浓的"人工"味道.

证明 设 $F_r = 2^{2^r}+1$,容易计算出
$$F_0=3, F_1=5, F_2=17, F_3=257, F_4=65\,537$$

不难验证 $F_i(0 \leqslant i \leqslant 4)$ 是素数. 但 $F_5 = 641 \times 6\,700\,417$ 是合数. 注意到这一点,我们令 $n = 2^r \cdot t$,其中 r 为非负整数,t 为奇数,建立如下的同余式组

$$\begin{cases} K \equiv 1 \pmod{(2^{32}-1)} \\ K \equiv 1 \pmod{641} \\ K \equiv -1 \pmod{6\,700\,417} \text{(将 } 6\,700\,417 \text{ 记为 } p\text{)} \end{cases}$$

因为 $2^{32}-1, 641, p$ 两两互素,由孙子定理知此同余式组一定有解 K,满足

$$K = 1+m(2^{32}-1), K = 1+641u, K = pv-1$$

下面分 3 种情况讨论 $n = 2^r \cdot t$ 的情形:

(1) 当 $r = 0,1,2,3,4$ 时

$$g(n) = K \cdot 2^n+1 = K(2^{2^r \cdot t}+1)-(K-1)$$
$$= K(2^{2^r \cdot t}+1)-m(2^{32}-1)$$

显然 $(2^{2^r}+1) \mid (2^{2^r \cdot t}+1), (2^{2^r}+1) \mid (2^{32}-1)$,从而 $(2^{2^r}+1) \mid g(n)$,且 $1 < 2^{2^r}+1 < g(n)$,所以 $g(n)$ 为合数.

8

(2) 当 $r=5$ 时
$$g(n) = K(2^{2^r \cdot t} + 1) - (K-1) = K(2^{32t} + 1) - 641u$$
因为 $641 \mid (2^{32}+1)$，$(2^{32}+1) \mid (2^{32t}+1)$，故 $641 \mid (2^{32t}+1)$，且 $1 < 641 < g(n)$，所以 $g(n)$ 为合数.

(3) 当 $r \geqslant 6$ 时
$$\begin{aligned} g(n) &= K(2^{2^r \cdot t} - 1) + (K+1) = (pv-1) \times (2^{2^r \cdot t} - 1) + pv \\ &= pv(2^{2^r \cdot t} - 1) - (2^{2^r \cdot t} - 1) + pv \end{aligned}$$
因为 $(2^{32}+1) \mid (2^{2^r \cdot t} - 1)$，$p \mid (2^{32}+1)$，所以 $p \mid g(n)$，又 $1 < p < g(n)$，所以 $g(n)$ 为合数.

综合(1)(2)(3)知,不论 n 为何自然数,对满足上述同余式组的 k，$g(n) = k \cdot 2^n + 1$ 都是合数.

1.6 费马数的分解与计算机的应用

对费马数的研究基本上是属于素数判定与大数分解问题,这类问题在数论中占有重要地位,人们很早就重视它的研究,近年来由于计算机科学的发展,使这一古老的问题焕发了青春,形成了数论中的新分支——计算数论.

利用计算机分解费马数最先是从 F_7 开始的,F_7 是一个 39 位数,早在 1905 年,J. C. Morehead 和 A. E. Western 就运用 Proth 检验法证明了它是复合数,然而直到 1971 年,Brillhart 和 Morrison 才在加利福尼亚大学洛杉矶分校的一台 IBM 360－91 型的计算机上使用 Lehmer 和 Powers 的连分数法计算了 1.5 h,分解的结果表明,它是两个分别具有 17 位和 22 位的素因子之积,即 $F_7 =$ 59 649 589 127 497 217 × 5 704 689 200 685 129 054 721. 随即 Pomenrance 利用高深的算法分析得到这种连分数法的平均渐近工作量是
$$O(n\sqrt{(0.5)(\log_2 \log_2 n)/\log_2 n})$$
与 F_7 类似,1909 年还是由 J. C. Morehead 和 A. E. Western 用同样的方法证明了 78 位的 F_8 也是合数. 72 年后,Brent 和 Pollard 使用 Pollard 的灵巧方法,在通用计算机(Universal Automatic Computer)1100 型上计算了 2 h 才发现了第一个 16 位的素因子,但他们未能证明另一个 62 位的因子是素数. 随后,Hugh Williams 解决了这一问题,得到
$F_8 = 1\ 238\ 926\ 361\ 552\ 897 \times$
  93 461 639 715 357 977 769 163 558 199 606 896 584 051 237 541 638 188 580 280 321

如今,人们在大型机上证明了 $F_{1\,945}$ 是合数. $F_{1\,945}$ 是非常巨大的,光是它的

位数本身就是一个 580 位数,但它同用来检验它的大数 $m=3^{2^{21\,945}-1}+1$ 来比真是小巫见大巫了.1957 年 R. M. Robinson 发现,$5\times 2^{1\,947}+1$ 是它的一个因子. 目前人们所发现的最大的费马合数是 $F_{23\,471}$,它约有 $3\times 10^{7\,067}$ 位.

但计算机的能力并非是无限的. 目前就连 F_9 和 F_{13} 这样的数计算机都不能进行完全分解,尽管已经知道 F_9 有素因子 242 483 且 F_{13} 也有一个 13 位的因子. 正是基于大数分解的极端困难性,1977 年,Adleman,Shamir 和 Rumely 发明了一个公开密钥密码体制(简称 RSA 体制). 美国数学家 J. Pollard 和 H. 兰斯特拉最近发现了一种大数的因子分解方法,利用这种方法经过全世界几百名研究人员和 100 台计算机长达 3 个月的工作,成功地将一个过去被认为几乎不可能分解的 155 位长的大数分解为 3 个分别长为 7,49 和 99 位的因子. 这使美国的保密体制受到严重威胁,意味着许多银行、公司、政府和军事部门必须改变编码系统,才能防止泄密. 因为在一年半前,人们只解决了 100 位长的自然数因子分解,所以目前绝大多数保密体系还在使用 150 位长的大数来编制密码.

1.7 推广的费马数

由于计算机的介入,使得我们有能力将费马数推广为关于 x 的多项式
$$F_n(x)=x^{2^n}+1 \quad (n=0,1,2,\cdots)$$
显然通常的费马数是其当 $x=2$ 时的特例.

1983 年 John Brillhart,D. H. Lehmer,J. L. Selfridge,Bryant Tuckerman,S. S. Wagstaff 5 位美国数学家联合研究了 $x=2,3,5,6,7,10,11,12$ 时的情形,并进行了素因子分解.

1986 年 1 月,日本上智大学理工学部的森本光生教授利用 PC9801 型微机对 $F_n(x)$,当 $n=0,1,2,3,4,5,6,7$;$x=2,3,4,5,\cdots,1\,000$ 时是否为素数进行了研究. 由于当 x 是奇数时,$F_n(x)$ 为偶数,所以他同时观察了 $F_n(x)/2$ 的情形.

设 $A_n=\{x\mid 2\leqslant x\leqslant 1\,000,\text{且}F_n(x)\text{是素数}\}$,$B_n=\{x\mid 2\leqslant x\leqslant 1\,000,$ 且 $F_n(x)/2$ 是素数$\}$,则 A_n,B_n 中元素的个数 $|A_n|$,$|B_n|$ 如表 1 所示.

表 1

n	$F_n(x)$	$\mid A_n\mid$	$\mid B_n\mid$
0	$x+1$	167	95
1	x^2+1	111	129
2	x^4+1	110	110

续表 1

n	$F_n(x)$	$\lvert A_n \rvert$	$\lvert B_n \rvert$
3	x^8+1	40	41
4	$x^{16}+1$	48	40
5	$x^{32}+1$	22	20
6	$x^{64}+1$	8	16
7	$x^{128}+1$	7	3
8	$x^{256}+1$	4	4

当 x 的值超过 1 000 时,早在 1967 年赖尔就计算并列出了 $F_2=x^4+1$,$2\leqslant x\leqslant 4\,004$ 的 376 个素数,他得到的最大素数不超过 $4\,002^4+1=P_{15}$(15 位的素数).他是在 3 台 1960 年生产的 IBM1620 上进行的.森本光生利用先进的 PC 9801 发现了 9 个 300 位以上的广义费马素数,它们是

$F_7(234)$,304 位;$F_7(506)$,347 位;$F_7(532)$,349 位

$F_7(548)$,351 位;$F_7(960)$,382 位;$F_8(278)$,626 位

$F_8(614)$,714 位;$F_8(892)$,756 位;$F_8(898)$,757 位

1.8 费马数与费马大定理

我们知道真正使费马闻名于世的是他提出的费马大定理:

丢番图方程 $x^n+y^n=z^n$,$n>2$ 没有正整数解.自 1637 年提出到现在已过去 300 多年,直到 1994 年英国的怀尔斯(Wiles)才真正证明了它.

由于 $n>2$,故必有 $4\mid n$ 或 $p\mid n$,这里 p 为奇素数.于是只需证明 $n=4$ 或 $n=p$ 就够了.由于欧拉和费马已分别对 $n=3,4$ 时的情况给出了证明,所以只需证方程

$$x^p+y^p=z^p \quad (p>3 \text{ 是素数}) \tag{1}$$

无解就足够了.

20 世纪 40 年代,德国著名数学家富特温勒(Furtwängler)用简单同余法证明了:若方程(1)有解,则同余式 $2^{p-1}\equiv 1\pmod{p^2}$ 一定成立.据此,1974 年 Perisatri 首先建立起费马数与费马大定理间的关系,给出了如下定理:

定理 4 设 $p=2^{2^n}+1$ 是费马素数,则方程(1)没有 $p\nmid xyz$ 的解.

1.9 费马数在几何作图中的应用

由于在给定圆周内作正 h 边形可归结为元素 $2\cos\dfrac{2\pi}{h}=\xi+\xi^{-1}$ 的构造,其中 ξ 表示 h 位单次根,所以由分圆域内的伽罗瓦(Galois)理论,它可构造的条件是:$\phi(h)$ 是 2 的幂,对于 $h=2^\alpha p_1^{\beta_1} p_2^{\beta_2}\cdots p_r^{\beta_r}$($p_i$ 是奇素数,$i=1,\cdots,r$),有 $\phi(h)=2^{\alpha-1}p_1^{\beta_1-1}\cdots p_r^{\beta_r-1}(p_1-1)\cdots(p_r-1)$. 所以 $\phi(h)$ 要想是 2 的幂,必须有:奇素数因子在 h 中只能出现一次方($\beta_i=1,i=1,\cdots,r$),并且对于每个在 h 中出现的奇素数 p_i,数 p_i-1 必是 2 的幂,即每个 p_i 必是 2^k+1 型素数. 显然 k 不能被奇数 $h>1$ 整除,因为由 $k=\mu\gamma$,μ 为奇数,$\mu>1$ 可以推出 $(2^\gamma+1)\mid((2^\gamma)^\mu+1)$,这样 p_i 便不是素数了,所以每个 p_i 都是型如 $2^{2^n}+1$ 的素数,即费马素数.

这一杰作是年轻的高斯(Gauss)在其《算术研究》(*Disquistiones Arithmeticae*)中给出的. 此外,高斯还提出了逆命题,是由万泽尔(Wantzel)证明的:

正 h 边形可以用尺规作图的必要条件是 $h=2^\alpha p_1\cdots p_r$,这里 $\alpha\geqslant 0$,诸 p_i 是不同的费马素数.

对于正三形边、正五边形已早有人作出,而正 17 边形的作图问题则困扰了人们几百年,最后由高斯做出. 随即 1898 年由里歇洛(Richelot)和 Schwendenheim 和赫密士(O. Hermes)相继作出了正 257 和正 65 537 边形. 前一个作图的方法写满了 80 页稿纸,而后一个则装了一皮箱,现存哥廷根大学,堪称最烦琐的几何作图.

1.10 费马数与数论变换

在利用计算机进行信息处理时经常遇到所谓的卷积. 设两个长为 N 的序列 x_n 和 h_n($n=0,\cdots,N-1$),其卷积是指

$$y_n=\sum_{k=0}^{N-1}x_k h_{n-k}=\sum_{k=0}^{N-1}x_{n-k}h_k \quad (n=0,\cdots,N-1) \tag{1}$$

其中假定 $x_n=h_n=0$ ($n<0$).

直接计算式(1)通常需要 N^2 次乘法和 N^2 次加法,当 N 很大时,其计算量超出我们的能力,为此人们寻求快速算法以节省运算时间.

所谓两个序列 $x_n(n=0,1,\cdots,N-1)$ 和 $h_n(n=0,1,\cdots N-1)$ 的循环卷积

是指
$$y_n = \sum_{k=0}^{N-1} x_k h_{\langle n-k \rangle_N} = \sum_{k=0}^{N-1} x_{\langle n-k \rangle_N} h_N \quad (n=0,1,\cdots,N-1)$$

其中$\langle k \rangle_N$表示整数k模N的最小非负剩余. 而计算循环卷积一般采用离散的傅里叶变换(Discrete Fourier Transform, 简记为 DFT). 1965 年, 库利(Cooley)和 Tukcy 提出了 DFT 的快速算法(Fast Fourier Transform, 简记为 FFT), 使所需工作量及处理时间都在很大程度上得到了改进.

近年来, 国外又出现了以数论为基础的计算循环卷积的方法, 称为数论变换(NTT). 特别引人注目的是, 其中有一种以费马数为基础的费马数变换(FNT). 这种变换只需加减法及移位操作而不用乘法, 从而提高了运算速度. 最近在通用计算机上的运算结果证明了这一点.

对于实现长度不超过 256 的序列的循环卷积, FNT 比 FFT 缩短时间达 $1/3 \sim 1/5$. 1975 年 R. C. Agarwal 和 C. S. Burras 在 IBM 370/155 计算机上证实了这一点.

另外 FNT 还消除了 FFT 带来的舍入误差, 故能得到高精度的卷积, 并且还不需要基函数的存储, 从而节省了存储器空间.

1.11 与费马数相关的两个问题

一位佚名学者 Hnnales de Mathematique, Gergonne 主编在 1828 年提出一个猜测
$$2+1, \ 2^2+1, \ 2^{2^2}+1, \ 2^{2^{2^2}}+1, \ 2^{2^{2^{2^2}}}+1, \cdots$$
即 $3, 5, 257, 65\,537, \cdots$ 形式的自然数都是素数.

1879 年 E. Glin 对此提出了质疑. 同年比利时数学家卡塔兰(E. C. Catalan)回答说只有前 5 个是正确的. 后来人们发现第 6 个就不是素数.

在 20 世纪中, 美国数论专家阿波斯托尔(T. M. Apostol)在其名著《解析数论导引》中提出关于素数分布的 12 个问题, 其中一个即为存在无穷多个费马素数.

一道 1940 年的匈牙利数学竞赛试题

匈牙利是世界上最早开展数学竞赛的国家,其许多试题都有着深刻的背景.

试题 1(1940 年)   设 m,n 是两个不同的正整数.证明:
$$2^{2^m}+1,2^{2^n}+1$$
不可能有大于 1 的公因子.

关于此题,上海大学的冷岗松、叶思陈述了两个有趣的事实:

(1) 利用下面的恒等式(这也是同年 Kürschák 比赛中的试题)
$$\prod_{i=0}^{k-1}(1+x^{2^i})=\sum_{i=0}^{2^k-1}x^i$$
可给出本题的另一个证法.事实上,在恒等式中令 $x=2$ 且两边同时加 2 可得
$$F_1F_2\cdots F_k+2=F_{k+1}$$
因此当 $j\leqslant k$ 时,数 F_j 和 F_{k+1} 的最大公约数应该是 2 的约数,但 F_j 和 F_{k+1} 都是奇数,所以它们的最大公约数只能等于 1.证毕.

(2) 我们可利用本题的结论来证明:在自然数中存在无穷多个素数.事实上,任何两个具有不同下标的费马数没有公因子,因此它们的标准分解式含有不同的素数.这说明后面的费马数的素因子都是不同的,因此素数有无穷多个.证毕.

其实这是一个古老的问题,著名的哥德巴赫(Goldbach)曾给出过一个证明:就是冷岗松所提到的第一种证法.

另外一种稍微学术化一些的证明要用到如下引理.

在一个整数数列$\{x_n\}$中,p出现的阶(rank of apparition of p)是指以 p 作为除数的所有的项 x_n 中的第 1 项的下标 l. 我们以 $\omega(p)$ 表示在$\{U_n(P,Q)\}$中 p 出现的阶,以 $\lambda(p)$ 表示在$\{V_n(P,Q)\}$中 p 出现的阶. 在以下的引理中,我们将看到若 $\omega(p)=2k$,则 $\lambda(p)=k$.

引理 1 若 $\omega(p)$ 是奇数,则对任意的 n,$p\nmid V_n$. 另外,若 $\omega(p)$ 是偶数,设为 $\omega(p)=2k$,则对所有的 n,有 $p\mid V_{(2n+1)k}$,且在这数列中没有其他的项以 p 为其因数.

引理 1 的证明 设 p 是 $F_m=V_{2^m}(3,2)=2^{2^m}+1$ 的任意一个素因数. 由引理 1 知,V_{2^m} 的所有因数都是本原的. 由此推出 p 是 $V_{2^m}(3,2)$ 的本原因数. 因此,$\lambda(p)=2^m$. 由引理 1 知,当 $k=0,1,\cdots$ 时,$p\mid V_{(2k+1)2^m}$,但这个数列中其他的项都没有因数 p. 所以,对任意整数 $n>m$,$p\nmid V_{2^n}$.

简单地说,下面我们将证明费马数的任意素因数一定是 $k2^{n+2}+1$ 的形式. 我们首先指出,作为狄利克雷定理的推论,对任意的值 n 一定存在无穷多个这种形式的素数,而这也可由下面的事实推出:$V_{2^n}(P,Q)$的(因此 F_n 的)每一个素因数都是本原的. 因此,对每个 n,形如 $k2^{n+2}+1$ 的新的素因数就出现在费马数列中. 这也是有无穷多个素数的又一证明. (我们指出,形如 $k2^n+1(1\leqslant k<2^n)$ 的素数称为 Proth 素数.)

利用费马数我们还可以解决如下的试题:

试题 2 求所有正整数 n,满足对所求的正数 n,存在一个整数 m,使得 2^n-1 是 m^2+1 的因子.

解 我们先证明一个引理.

引理 2 记费马数 $2^{2^n}+1=F_n$. 当 $m\neq n$,$(F_m,F_n)=1$.

引理 2 的证明 不妨设 $m<n$,则根据余数定理知
$$(F_m,F_n)=(2^{2^m}+1,2^{2^n}+1)$$
$$=(2^{2^m}+1,(2^{2^m})^{2^{n-m}}+1)$$
$$=(2^{2^m}+1,(-1)^{2^{n-m}}+1)$$
$$=(2^{2^m}+1,1)$$
$$=1$$

引理得证.

下面借助引理解答原命题.

首先,我们证明 n 必为 2 的整数次幂. 否则,若 $n=2^t(2m+1)$,其中 $m\in \mathbf{N}^*$,则

$$2^n - 1 = 2^{2^t(2m+1)} - 1$$
$$= (2^{2m+1})^{2^t} - 1$$

显然有
$$(2^{2m+1} - 1) \mid (2^n - 1)$$

因为 $2^{2m+1} - 1$ 为 $4k+3$ 型整数, 所以 $2^{2m+1} - 1$ 必有一个 $4k+3$ 型素因子 p. 知 $p \mid 9$, 所以 $p = 3$. 而
$$2^{2m+1} - 1 \equiv 1 \pmod{3}$$

知
$$3 \nmid (2^{2m+1} - 1)$$

矛盾. 所以 $n = 2^t, t \in \mathbf{N}$.

下面我们证明, 当 $n = 2^t (t \in \mathbf{N})$ 时, 都存在整数 m, 使得 $2^n - 1 \mid m^2 + 9$.

当 $t = 0$ 时, $n = 1, 2^n - 1 = 1, m$ 为任意整数都满足条件.

当 $t = 1$ 时, $n = 2, 2^n - 1 = 3$, 取 $m = 3$, 即满足题设条件.

当 $t \geqslant 2$ 时,
$$2^n - 1 = 2^{2^t} - 1$$
$$= (2+1)(2^2+1)(2^4+1)\cdots(2^{2^{t-1}}+1)$$
$$= 3F_1 F_2 \cdots F_{t-1}$$

$F_1, F_2, \cdots, F_{t-1}$ 两两互素. 根据中国剩余定理知, 存在正整数 M, 满足

$$\begin{cases} M \equiv 2 \pmod{2^2 + 1} \\ M \equiv 2^2 \pmod{2^4 + 1} \\ \vdots \\ M \equiv 2^{2^{i-1}} \pmod{2^{2^i} + 1} \\ \vdots \\ M \equiv 2^{2^{t-2}} \pmod{2^{2^{t-1}} + 1} \end{cases}$$

于是对于任意 $1 \leqslant i \leqslant t-1$, 都有
$$M^2 + 1 \equiv (2^{2^{i-1}})^2 + 1$$
$$\equiv 2^{2^i} + 1$$
$$\equiv 0 \pmod{2^{2^i} + 1}$$

所以
$$F_1 F_2 \cdots F_{t-1} \mid (M^2 + 1)$$

我们令 $m = 3M$, 则
$$m^2 + 9 = 9(M^2 + 1)$$

显然有
$$3F_1 F_2 \cdots F_{t-1} \mid 9(M^2 + 1)$$

综上所述, 所有满足条件的正整数
$$n = 2^t, t \in \mathbf{N}$$

下面我们再补充一个问题.

试题 3 设 $F_n = 2^{2^n} + 1$ 是费马素数 $(n \geq 2)$. 求 $\dfrac{1}{F_n}$ 化成小数后一个循环中的各个数字的和.

解 先来看一个断言.

断言 对于任何费马素数
$$F_n = 2^{2^n} + 1 \quad (n \geq 2)$$
10 是模 F_n 的一个原根.

证明 当 $n \geq 2$ 时,我们有
$$F_n = 16^{2^{n-2}} + 1 \equiv 1 + 1 = 2 \pmod{5}$$
所以 10 与 F_n 互质.

模任何素数 p 的原根的个数是 $\varphi(\varphi(p))$,所以 F_n 的原根的个数是
$$\varphi(F_n - 1) = \dfrac{F_n - 1}{2}$$
即模 F_n 存在的原根恰与二次非剩余的个数同样多. 但是每一个原根必是二次非剩余,因为二次剩余在相乘后只生成二次剩余. 所以 F_n 的原根恰好是它的二次非剩余.

于是只要证明 10 是模 F_n 的二次非剩余. 因为 $2^{2^n} \equiv -1 \pmod{F_n}$,我们看到 $2^{2^{n+1}} \equiv 1 \pmod{F_n}$. 因为当 $n \geq 2$ 时,$2^n < 2^{2^n}$,我们看到 2 不是原根,因此 2 是模 F_n 的二次剩余. 所以只要证明 5 是模 F_n 的二次非剩余. 因为 F_n 和 5 模 4 都余 1,由二次互反律,只要证明 F_n 是模 5 的二次非剩余. 但是我们在上面看到 $F_n \equiv 2 \pmod{5}$,2 是模 5 的二次非剩余. 假定 M 与 10 互质. 设 n 是 10 模 M 的阶,即 n 是使 $M \mid 10^N - 1$ 的最小正整数. 于是对某个整数 A,我们有
$$\dfrac{1}{M} = \dfrac{A}{10^N - 1}$$
如果将小数中的 A 写成十进制数 $A = a_1 a_2 \cdots a_N$,如果必须要使 A 的位数是 n,那么前几位可以是零,于是我们有
$$\dfrac{1}{M} = \sum_{k=1}^{\infty} \dfrac{A}{10^{kN}} = 0.a_1 a_2 \cdots a_N a_1 a_2 \cdots$$
因此 $\dfrac{1}{M}$ 的十进制小数是循环的,循环节整除 n. 反之,如果 $\dfrac{1}{M}$ 的十进制小数的循环节 $a_1 a_2 \cdots a_N$ 的长度是 n,那么设 A 是十进制小数的循环节表示的数,我们有
$$\dfrac{1}{M} = \dfrac{A}{10^N - 1}$$
因此 $M \mid 10^N - 1$,于是循环节的长度恰好是阶 N.

现在注意到
$$0.a_k a_{k+1} \cdots a_N a_1 a_2 \cdots = \left\{ \dfrac{10^{k-1}}{M} \right\}$$

这里 $\{x\}$ 表示 x 的小数部分. 因此
$$0.a_1a_2\cdots a_Na_1a_2\cdots = \frac{r_k}{M}$$
这里 $r_k \in \{1,2,\cdots,M-1\}$ 是 10^{k-1} 模 M 的余数.

注意到 $a_k = \lfloor \frac{10r_k}{M} \rfloor$.

利用对本题的这些论述,我们看到 $\frac{1}{F_n}$ 的循环节的长度 $N = F_n - 1$. 又因为 10 是模 F_n 的原根, 当 $k = 1, \cdots, F_n - 1$ 时, r_k 取 $F_n - 1$ 个一切可能的非零值.

现在将 F_n 模的 $F_n - 1 = 2^{2^n}$ 个非零余数分成形如 $(r, F_n - r)$ 的数对. 显然, 在计算 $\frac{1}{F_n}$ 的循环节中的数字时, 任何这样的数对中的两个元素, 譬如说, r_j 和 r_k 恰好出现一次. 因为 $10r + 10(F_n - r) = 10F_n$, 它们相应的第一位数字 a_j 和 a_k 满足
$$a_j + a_k = \lfloor \frac{10r}{F_n} \rfloor + \lfloor \frac{10(F_n - r)}{F_n} \rfloor = 9$$
这是因为这两个商都不是整数. 推出 $\frac{1}{F_n}$ 的循环节的长度是 $F_n - 1$, 所以可分成 $\frac{F_n - 1}{2}$ 对数字, 每一对的两数之和是 9. 于是 $\frac{1}{F_n}$ 的循环节中各个数字的总和是
$$9 \cdot \frac{F_n - 1}{2} = 9 \cdot 2^{2^n - 1}$$

费马其人

3.1 出身贵族的费马

皮埃尔·费马(Pierre de Fermat,1601—1665)1601年8月17日生于法国南部图卢兹(Towlouse)附近的博蒙·德·罗马涅(Beaumont de Lomagen)镇.费马的双亲可用大富大贵来形容,他的父亲多米尼克·费马(Domiaique Fermat)是一位富有的皮革商,在当地开了一家大皮革商店,拥有相当丰厚的产业,这使得费马从小生活在富裕舒适的环境中,并幸运地享有进入格兰塞尔夫(Grandselve)的圣方济各会修道院受教育的特权.费马的父亲由于家财万贯和经营有道,在当地颇受人们尊敬,所以在当地任第二领事官职,费马的母亲名叫克拉莱·德·罗格,出身穿袍贵族.父亲多米尼克的大富与母亲罗格的大贵,构筑了费马富贵的身价.

费马的婚姻又使费马自己也一跃而跻身于穿袍贵族的行列.费马娶了他的表妹伊丝·德·罗格.原本就为母亲的贵族血统而感到骄傲的费马,如今干脆在自己的姓名前面加上了贵族姓氏的标志"de".今天,作为法国古老贵族家族的后裔,他们依然很容易被辨认出来,因为名字中间有着一个"德"字.一听到这个字,今天的法国人都会肃然起敬,脑海中浮现出"城堡、麋鹿、清晨中的狩猎、盛大的舞会和路易时代的扶手椅……"

从费马所受的教育与日后的成就看,费马具有一个贵族绅士所必备的一切. 费马虽然上学很晚,直到 14 岁才进入博蒙·德·罗马涅公学. 但在上学前,费马就受到了非常好的启蒙教育,这都要归功于费马的叔叔皮埃尔. 据考克斯 (C. M. Cox) 研究(《三百位天才的早期心理特征》),获得杰出成就的天才,通常有超乎一般少年的天赋,并且在早期的环境中具有优越的条件. 显然,少年天才的祖先在生理上和社会条件上为他们后代的非凡进步做出了一定的贡献. 在这里卢梭所极力倡导的"人人生来平等"的信条是完全不起作用的,因为根本不可能所有的人都站在同一个起跑线上,而且许多人的起跑线远远超过了绝大多数人几代人才跑到的终点线. 贝尔曾评价费马说,他对主要的欧洲语言和欧洲大陆的文学,有着广博而精湛的知识. 希腊和拉丁的哲学有几个重要的订正得益于他. 用拉丁文、法文、西班牙文写诗是他那个时代绅士们的素养之一,他在这方面也表现出了熟练的技巧和卓越的鉴赏力.

费马有三女二男五个子女,除大女儿克拉莱出嫁之外,其余四个子女继承了费马高贵的出身,使费马感到体面. 两个女儿当了修女,次女当上了菲玛雷斯的副主教,尤其是长子克莱曼·萨摩尔,继承了费马的公职,在 1665 年也当上了律师,使得费马那个大家族得以继续显赫.

3.2 官运亨通的费马

迫于家庭的压力,费马走上了文职官员的生涯. 1631 年 5 月 14 日在法国图卢兹就职,任晋见接待官,这个官职主要负责请愿者的接待工作. 如果本地人有任何事情要呈请国王,他们必须首先使费马或他的一个助手相信他们的请求是重要的. 另外费马的职责还包括建立图卢兹与巴黎之间的重要联系,一方面是与国王进行联络,另一方面还必须保证发自首都的国王命令能够在本地区有效地贯彻.

但据记载,费马根本没有应付官场的能力,也没有什么领导才能. 那么他是如何走上这个岗位的呢?原来这个官是买来的.

费马中学毕业后,先后在奥尔良大学和图卢兹大学学习法律,费马生活的时代,法国男子最讲究的职业就是律师.

有趣的是,法国当时为那些家财万贯但缺少资历的"准律师"能够尽快成为律师创造了很好的条件. 1523 年,弗朗索瓦一世组织成立了一个专门卖官鬻爵的机关,名叫 "burean des parries casuelles",公开出售官职. 由于社会对此有需求,所以这种"买卖"一经产生,就异常火爆. 因为卖官鬻爵,买者从中可以获得官位从而提高社会地位,卖者可以获得钱财使政府财政得以好转,因此到了

17世纪,除宫廷官和军官以外的任何官职都可以有价出售.法国的这种买官制度,使许多中产阶级从中受益,费马也不例外.费马还没大学毕业,家里便在博蒙·德·罗马涅买好了"律师"和"参议员"的职位,等到费马大学毕业返回家乡以后,他便很容易地当上了图卢兹议院顾问的官职.从时间上看,我们便可体会到金钱的作用.费马是在1631年5月1日获得奥尔良(Orleans)大学民法学士学位的,13天后即5月14日就已经升任图卢兹议会晋见接待员了.

尽管费马在任期间没有什么政绩,但他却一直官运亨通.费马自从步入社会直到去世都没有失去官职,而且逐年得到提升,在图卢兹议会任职3年后,费马升任为调查参议员(这个官职有权对行政当局进行调查和提出质疑).

1642年,费马又遇到一位贵人,他叫勃里斯亚斯,是当时最高法院顾问,他非常欣赏费马,推荐他进入了最高刑事法庭和法国大理院主要法庭,这又为费马进一步升迁铺平了道路.1646年,费马被提升为议会首席发言人,之后还担任过天主教联盟的主席等职.

有人把费马的升迁说成是并非费马有雄心大志,而是由于费马身体健康.因为当时鼠疫正在欧洲蔓延,幸存者被提升去填补那些死亡者的空缺.其实,费马在1652年也染上了致命的鼠疫,但却奇迹般地康复了.当时他病得很重,以至他的朋友伯纳德·梅登(Bernard Medon)已经对外宣布了他的死亡.所以当费马脱离死亡威胁后,梅登马上开始辟谣,他在给荷兰人尼古拉斯·海因修斯(Nicholas Heinsius)的报告中说:

"我前些时候曾通知过您费马逝世.他仍然活着,我们不再担心他的健康,尽管不久前我们已将他计入死亡者之中.瘟疫已不在我们中间肆虐."

但这次染上瘟疫给费马一贯健康的身体带来了损害.1665年元旦一过,费马开始感到身体不适,于1月10日辞去官职,3天以后溘然长逝.由于官职的缘故,费马先被安葬在卡斯特雷(Custres)公墓,后来改葬在图卢兹的家族墓地中.

3.3 淡泊致远的费马

数学史家贝尔曾这样评价费马的一生:"这个度过平静一生的、诚实、和气、谨慎、正直的人,有着数学史上最美好的故事之一."

很难想象一个律师、一位法官能不沉溺于灯红酒绿、纸醉金迷,而能自甘寂寞、青灯黄卷,从根本上说这种生活方式的选择一方面源于他淡泊的天性. 在 1646 年, 费马升任为议会首席发言人, 后又升任为天主教联盟的主席等职, 但他从没有利用职权向人们勒索, 也从不受贿, 为人敦厚、公开廉明.

另一个原因是政治方面的, 俗话说高处不胜寒, 政治风波时刻伴随着他. 在他被派到图卢兹议会时, 恰是红衣天主教里奇利恩(Richelien) 刚刚晋升为法国首相 3 年之后. 费马用研究数学来逃避议会中混乱的争吵, 这种明哲保身的做法, 无意中造就了这位"业余数学家之王".

按费马当时的官职, 他的权力是很大的. 从英国数学家凯内尔姆·迪格比爵士(Sir Kenelm Digby) 给另一位数学家约翰·沃利斯(John Wallis) 的信中我们了解到一些当时的情况:

> 他(费马)是图卢兹议会最高法庭的大法官, 从那天以后, 他就忙于非常繁重的死刑案件. 其中最后一次判决引起很大的骚动, 它涉及一名滥用职权的教士被判以火刑. 这个案子刚判决, 随后就执行了.

由此可见, 费马的工作是很辛苦的, 所以很多人在考虑到费马的公职的艰难费力的性质和他完成的大量第一流数学工作时, 对于他怎么能抽出时间来做这一切感到迷惑不解. 一位法国评论家提出了一个可能的答案: 费马担任议员的工作对他的智力活动有益无害. 议院评议员与其他的 —— 例如在军队中的公职人员不同, 对他们的要求是避开他们的同乡, 避开不必要的社交活动, 以免他们在履行职责时因受贿或其他原因而腐化堕落. 由于孤立于图卢兹高层社交界之外, 费马才得以专心于他的业余爱好.

幸好, 费马所献身的所谓"业余事业"是不朽的, 费马熔铸在数论之中, 这是织入人类文明之锦的一条粗韧的纤维, 它永远不会折断.

3.4 复兴古典的费马

日本数学会出版的《岩波数学辞典》中对费马是这样评价的: "他与笛卡儿(Descartes) 不同, 与其说他批判希腊数学, 倒不如说他以复兴为主要目的, 因此他的学风古典色彩浓厚."

早在 1629 年, 费马便开始着手重写公元前 3 世纪古希腊几何学家阿波罗尼斯(Apollonius) 所著的当时已经失传的《平面轨迹》(*On Plane Loni*), 他利用代数方法对阿波罗尼斯关于轨迹的一些失传的证明做了补充, 对古希腊几何学, 尤其是对阿波罗尼斯圆锥曲线论进行了总结和整理, 对曲线做了一般研究,并于 1630 年用拉丁文撰写了仅有 8 页的论文《平面与立体轨迹引论》(*Introduction anx Lieux Planes es Selides*,这里的"立体轨迹"指不能用尺规作出的曲线,和现代的用法不同),这篇论文直到他死后 1679 年才发表.

早在古希腊时期,阿基米德(Archimedes)为求出一条曲线所包含任意图形的面积,曾借助于穷竭法.由于穷竭法烦琐笨拙,后来渐渐被人遗忘.到了 16 世纪,由于开普勒(Johannes Kepler)在探索行星运动规律时,遇到了如何研究椭圆面积和椭圆弧长的问题.于是,费马又从阿基米德的方法出发重新建立了求切线、求极大值和极小值以及定积分的方法.

费马与笛卡儿被公认为解析几何的两位创始人,但他们研究解析几何的方法却是大相径庭的,表达形式也迥然不同;费马主要是继承了古希腊人的思想,尽管他的工作比较全面系统,正确地叙述了解析几何的基本原理,但他的研究主要是完善了阿波罗尼斯的工作,因此古典色彩很浓,而笛卡儿则是从批判古希腊的传统出发,断然同这种传统决裂,走的是革新古代方法的道路,所以从历史发展来看,后者更具有突破性.

费马研究曲线的切线的出发点也与古希腊有关,古希腊人对光学很有研究,费马继承了这个传统.他特别喜欢设计透镜,而这促使费马探求曲线的切线,他在 1629 年就找到了求切线的一种方法,但迟后 8 年才发表在 1637 年的手稿《求最大值与最小值的方法》中.

另一表现费马古典学风之处在于费马的光学研究.费马在光学中突出的贡献是提出最小作用原理,这个原理的提出源远流长.早在古希腊时期,欧几里得就提出了今天人们所熟知的光的直线传播和反射定律.后来海伦统一了这两条定律,揭示了这两条定律的理论实质——光线行进总是取最短的路径.经过若干年后,这个定律逐渐被扩展成自然法则,并进而成为一种哲学观念.人们最终得出了这样更一般的结论:"大自然总是以最短捷的可能途径行动."这种观念影响着费马,但费马的高明之处则在于变这种哲学的观念为科学理论.

对于自然现象,费马提出了"最小作用原理".这个原理认为,大自然各种现象的发生,都只消耗最低限度的能量.费马最早利用他的最小作用原理说明蜂房构造的形式,在节省蜂蜡的消耗方面比其他任何形式更为合理.费马还把他的原理应用于光学,做得既漂亮又令人惊奇.根据这个原理,如果一束光线从一个点 A 射向另一个点 B,途中经过各种各样的反射和折射,那么经过的路程——所有由于折射的扭转和转向,由于反射的难于捉摸的向前和退后可以由从 A 到 B 所需的时间为极值这个单一的要求计算出来.由这个原理,费马推出了今天人们所熟知的折射和反射的规律:入射角(在反射中)等于反射角;从一个介质到另一个介质的入射角(在折射中)的正弦是反射角的正弦的常数倍,折射定律其实都是 1637 年费马在笛卡儿的一部叫作《折光》(*Ia*

Dioptriqre)的著作中看到的. 开始他对这个定律及其证明方法都持怀疑和反对态度,并因此引起了两人之间长达十年之久的争论,但后来在 1661 年他从他的最小作用原理中导出了光的折射定律时,他不但解除了对笛卡儿的折射定律的怀疑,而且更加确信自己的原理的正确性. 可以说费马发现的这个最小作用原理及其与光的折射现象的关系,是走向光学统一理论的最早一步.

最能体现费马"言必称希腊"这一"复古"倾向的是一本历尽磨难保存下来的古希腊著作《算术》(Arithmetica). 17 世纪初,欧洲流传着 3 世纪古希腊数学家丢番图所写的《算术》一书. 丢番图是古希腊数学传统的最后一位卫士. 他在亚历山大的生涯是在收集易于理解的问题以及创造新的问题中度过的,他将它们全部汇集成名为《算术》的重要论著. 当时《算术》共有 13 卷之多,但只有 6 卷逃过了欧洲中世纪黑暗时代的骚乱幸存下来,继续激励着文艺复兴时期的数学家们. 1621 年费马在巴黎买到了经巴歇(M. Bachet)校订的丢番图《算术》一书法文译本,他在这部书的第二卷第八命题——"将一个平方数分为两个平方数"的旁边写道:"相反,要将一个立方数分为两个立方数,一个四次幂分为两个四次幂,一般地将一个高于二次的幂分为两个同次的幂,都是不可能的. 对此,我确信已发现了一种美妙的证法,可惜这里空白的地方太小写不下." 这便是数学史上著名的费马大定理.

3.5 议而不作的费马

我国著名思想家孔子是"述而不作",而费马却是"议而不作",并且费马还有一个与毛泽东相同的读书习惯"不动笔墨不读书". 他读书时爱在书上勾勾画画,圈点批注,抒发见解与议论. 他研究数学的笔记常常是散乱地堆在一旁不加整理,最后往往连书写的确切年月也无可稽考. 他曾多次阻止别人把他的结果复印.

至于费马为什么会养成这种"议而不作"的习惯,有多种原因. 据法国著名数学家韦伊(André Weil)的分析,是由于 17 世纪的数论学家缺少竞争所致,他说:

"那个时代的数学家,特别是数论学家是很舒服的,因为他们面临的竞争是如此之少. 但对微积分而言,即使在费马的时代,情形就有所不同,因为今天使我们许多人受到困扰的东西(如优先权问题)也困扰过当时的数学家. 然而,有趣的是费马在整个 17 世纪期间,在数论方面可以说一直是十分孤独的. 值得注意的是在这样一段较长的时间中,事物发展是如此缓慢,而且这样从容不迫,人们有充足的时间去考虑大问题而不必担心他的同伴可能捷足先登. 在那时候,人们可以在极其平和宁静的气氛中研究数论,而且说实在的,也太宁静了. 欧拉和费马都抱怨过他们在这领域中太孤单了. 特别是费马,有段时间他试图吸引帕斯卡(Blaise Pascal)对数论产生兴趣并一起合作. 但帕斯卡不是搞数论的材料,当时身体又太差,后来他对宗教的兴趣超过了数学,所以费马没有把他的东西好好写出来,从而只好留给了欧拉这样的人来破译,所以人们说欧拉刚开始研究数论时,除费马的那些神秘的命题外,什么东西也没有."

对费马"议而不作"的原因的另一种分析是费马有一种恶作剧的癖好,本来从16世纪沿袭下来的传统就是:巴黎的数学家守口如瓶,当时精通各种计算的专家柯思特(Cossists)就是如此. 这个时代的所有专业解题者都创造他们自己的聪明方法进行计算,并尽可能地为自己的方法保密,以保持自己作为有能力解决某个特殊问题的独一无二的声誉. 用今天的话说就是严守商业秘密,加大其他竞争对手进入该领域的进入成本,以保持自己在此领域的垄断地位,这种习惯一直保持到19世纪.

当时有一个人在顽强地同这种恶习做斗争,他就是梅森(Mersenne). 他所起到的作用类似于今天数学刊物的作用,他热情地鼓励数学家毫无保留地交流他们的思想,以便互相促进各自的工作. 梅森定期安排会议,这个组织后来发展为法兰西学院. 当时有人为了保护自己发现的结果,不让他人知道而拒绝参加会议. 这时,梅森则会采取一种特殊的方式,那就是通过他们与自己的通信中发现这些秘密,然后在小组中公布. 这种做法,应该说是不符合职业道德的,但是梅森总以交流信息对数学家和人类有好处为理由为自己来辩解. 在梅森去世的时候,人们在他的房间发现了78位不同的通信者写来的信件.

当时,梅森是唯一与费马有定期接触的数学家. 梅森当年喜欢游历,到法国及世界各地,出发前总要与费马见面,后来游历停止后,便用书信保持着联系,有人评价说梅森对费马的影响仅次于那本伴随费马终生的古希腊数学著作《算术》. 费马这种恶作剧的癖好在与梅森的通信中暴露无遗. 他只是在信中告诉别人"我证明了这,我证明了那",却从不提供相应的证明,这对其他人来讲,既是一种挑逗,也是一种挑战,因为发现证明似乎是与之通信的人该做的事情,他的这种做法激起了其他人的恼怒. 笛卡儿称费马为"吹牛者",英国数学家约翰·沃利斯则把他叫作"那个该诅咒的法国佬". 而这些因隐瞒证明给同行带来的烦恼给费马带来了莫大的满足.

这种"议而不作"与费马的性格也有关. 费马生性内向,谦抑好静,不善于推销自己,也不善于展示自我,所以尽管梅森神父一再鼓励,费马仍固执地拒绝公布他的证明.因为公开发表和被人们承认对他来说没有任何意义,他因自己能够创造新的未被他人触及的定理所带来的那种愉悦而感到满足.

另外一个更为实在的动机是,拒绝发表可以使他无须花费时间去全面地完善他的方法,从而争取时间去转向征服下一个问题.此外,从费马的性格分析,他也应该采取这种方式,因为他频频抛出新结果不可避免会招来嫉妒,而嫉妒的合法发泄渠道就是挑剔,证明是否严密完美是永远值得挑剔的.特别是那些刚刚知道一点皮毛的人,所以为了避免被来自吹毛求疵者的一些细微的质疑所分心,费马宁愿放弃成名的机会,当一个缄默的天才.以致当帕斯卡催促费马发表他的研究成果时,这个遁世者回答说:"不管我的哪个工作被确认值得发表,我不想其中出现我的名字."

费马的"议而不作"带来的副作用是他当时的成就无缘扬名于世,并且使他暮年脱离了研究的主流.

迪克森论费马数

第 4 章

费马①表述了他认为每一个 F_n 均是素数,但必须承认的是他没有给出证明. 在别处②他称他认为此定理是必然的,后来③他表明此定理可以利用斜率来证得. Frenicle de Bessy 证明了这个费马猜测的定理. 费马请求弗雷尼克尔(Frenicle)公布他的证明,希望得到重要的应用. 在最后一封信中,费马④提出了一个问题:$(2k)^{2m}+1$ 是否总是素数,除了当它可被 F_n 整除时.

高斯⑤指出了费马的断言定理是正确的. 相对的观点是由 P. Mansion⑥ 和 R. Baltzer⑦ 表述出的.

---

① Oeuvres,2,1894,p. 206,letter to Frenicle,Aug.(？)1640;2,1894,p. 309,letter to Pascal,Aug. 29,1654(Fermat asked Pascal to undertake a proof of the proposition,Pascal, Ⅲ,232;Ⅳ,1819,384);proposed to Brouncker and Wallis,June 1658,Oeuvres,2,p. 404(French transl.,3,p. 316). Cf. C. Henry,Bull. Bibl. Storia Sc. Mat. e Fis.,12,1879, 500-501,716-717;on p. 717,42...1 should end with 7,ibid.,13,1880,470;A. Genocchi, Atti Ac. Sc. Torino,15,1879-1880,803.

② Oeuvres,1,1891,p. 131(French transl.,3,1896,p. 120).

③ Oeuvres,2,433-434,letter to Carcavi,Aug.,1659.

④ Oeuvres,2,208,212,letters from Fermat to Frenicle and Mersenne,Oct. 18 and Dec. 25,1640.

⑤ Disq. Arith.,Art. 365. Cf. Werke,2,151,159. Same view by Klügel,Math. Wörterbuch,2,1805,211;3,1808,896.

⑥ Nouv. Corresp. Math.,5,1879,88,122.

⑦ Jour. für Math.,87,1879,172.

梅森①指出每一个 F_n 均是素数. 哥德巴赫②称欧拉的注意力在费马的猜想 F_n 总是素数上,且讨论了 F_n 没有小于 100 的因子,没有两个 F_n 有相同的因子.

欧拉③发现: $F_5 = 2^{32} + 1 = 641 \times 6\,700\,417$.

欧拉④证明了如果 a 和 b 是互素的,那么 $a^{2^n} + b^{2^n}$ 的每个因子均是 2 或 $2^{n+1}k+1$ 的形式的数,并且指出 F_5 的任一因子都满足 $64k+1$ 的形式,当 $k=10$ 时即给出了因子 641.

欧拉⑤和 N. Beguelin⑥ 应用二进制找到了 F_5 的因子 $641 = 1 + 2^7 + 2^9$.

高斯⑦证明了一个 m 边的规则正多边形能够由直尺和圆规画出,如果 m 是 2 的方幂乘积,并且每个 F_n 由奇素数构成,且指出如果 m 不是 2 的方幂乘积就不可能构造得出.

Sebastiano Canterzani⑧ 研究了 20 个例子,每一部分均决定于可能因子的最后尾数,找到了 F_5 的因子 641,并用同样的方法证得商数是素数.

一位匿名的作者⑨叙述了

$$2+1, 2^2+1, 2^{2^2}+1, 2^{2^{2^2}}+1, \cdots \quad (1)$$

均是素数且是 $2^k + 1$ 的形式的素数.

Joubin⑩ 猜测式(1) 的这些数很可能是费马的意思,显然没有翻阅费马的陈述.

艾森斯坦(G. Eisenstein)⑪ 设立了一个问题证明了素数 F_n 是无穷的.

卢卡斯(E. Lucas)⑫ 叙述了在 30 h 内通过 3,17,577,… 一系列数从本质上

---

① Novarum Physico-Mathematicarum, Paris, 1647, 181.
② Corresp. Math. Phys. (ed., Fuss), I, 1843, p. 10, letter of Dec. 1729; p. 20, May 22, 1730; p. 32, July 1730.
③ Comm. Ac. Petrop., 6, ad annos 1732-1733(1739), 103-107; Comm. Arith. Coll., 1, p. 2.
④ Novi Comm. Petrop., 1, 1747-1748, p. 20[9, 1762, p. 99]; Comm. Arith. Coll., 1, p. 55[p. 357].
⑤ Opera postuma, I, 1862, 169-171(about 1770).
⑥ Nouv. Mém. Ac. Berlin, année 1777, 1779, 239.
⑦ Disq. Arith., 1801, Arts. 335-366; German transl. by Maser, 1889, pp. 397-448, 630-652.
⑧ Mem. Ist. Naz. Italiano, Bologna, Mat., 2, II, 1810, 459-469.
⑨ Annales de Math. (ed. Gergonne), 19, 1828-1829, 256.
⑩ Mémoire sur les facteurs numériques, Havre, 1831, note at end.
⑪ Jour. für Math., 27, 1844, 87, Prob. 6.
⑫ Comptes Rendus Paris. 85, 1877, 136-139.

研究数 F_6，每一部分均比之前一个数平方的 2 倍小 1. 于是，如果 2^{n-1} 是被 F_n 整除的数中的第一部分，那么 F_n 就是素数；如果没有部分被 F_n 整除，那么 F_n 可分解. 总之，如果 α 是可被 F_n 整除的第一部分数时，F_n 的素除数就是 $2^k q + 1$ 的形式，其中 $k = \alpha + 1$（并不是 $k = 2^{\alpha+1}$）.

T. Pepin① 叙述了卢卡斯的方法，当 F_n 按顺序分解成 $\alpha < 2^{n-1}$ 时，不成立；如果成立，我们则只能得到 F_n 的素除数是 $2^{\alpha+2} q + 1$ 的形式的结论. 因此我们不能说如果 $\alpha + 2 \leqslant 2^{n-2}$，那么 F_n 是否是素数. 我们能够清楚地应用新的定理来解决问题：对于 $n > 1$，F_n 是一素数当且仅当如果它可分解为 $k^{(F_n-1)/2} + 1$ 的形式，其中 k 为 F_n 的满足条件的非余数. 例如 5 或 10，应用这一定理时，取模 F_n 的最小余数 $k^2, k^4, k^6, \cdots, k^{2^{2^{n-1}}}$.

在 1877 年 11 月 J. Pervouchine②（或 Pervusin）发表了 $F_{12} \equiv 0 (\bmod\ 114\ 689 = 7 \times 2^{14} + 1)$ 的结论.

在两个月之后卢卡斯③发表了相同的结果，并证明了 F_n 的每一素因子均模 2^{n+2} 后余 1.

卢卡斯④利用 $6, 34, 1\ 154, \cdots$ 一系列数，每个数均是比它前面数的平方少 2 的数，则如果每部分第一个数在 2^{n-1} 到 $2^n - 1$ 之间的数被 F_n 整除，那么 F_n 即是素数. 但如果没有数可被 F_n 整除，则 F_n 即可分解. 总之，如果 α 是每部分中第一个可被 F_n 整除的数且如果 $\alpha < 2^{n-1}$，那么 F_n 的素因子均是 $2^k q + 1$ 的形式，其中 $k = \alpha + 1$. 他指出了 F_n 是素数的一个重要条件即是在一系列数中 $2^n - 1$ 模 F_n 的余数是 0. 他证实了 F_5 有因子 641 且再次陈述了用 30 h 将足够对 F_6 进行试验.

F. Proth⑤ 陈述了，如果 $k = 2^n$，$2^k + 1$ 是素数当且仅当它可整除 $m = 3^{2^{k-1}} + 1$. 他⑥通过运用卢卡斯定义的 $u_0 = 0, u_1 = 1, \cdots, u_n = 3 u_{n-1} + 1$ 一系列数指出了一个证明且事实上 u_{p-1} 可被素数 p 整除，而 $m = \dfrac{u_{2^k}}{u_{2^{k-1}}}$.

---

① Comptes Rendus, 85, 1877, 329-331. Reprinted, with Lucas[18] and Landry[29], Sphinx-Oedipe, 5, 1910, 33-42.

② Bull. Ac. St. Pétersbourg, (3), 24, 1878, 559 (presented by V. Bouniakowsky). Mélanges math. ast. sc. St. Pétersbourg, 5, 1874-1881, 505.

③ Atti R. Accad. Sc. Torino, 13, 1877-1878, 271 (Jan. 27, 1878). Cf. Nouv. Corresp. Math., 4, 1878, 284; 5, 1879, 88. See Lucas[40] of Ch. XVII.

④ Amer. Jour. Math., 1, 1878, 313.

⑤ Comptes Rendus Paris, 87, 1878, 374.

⑥ Nouv. Corresp. Math., 4, 1878, 210-211; 5, 1879, 31.

E. Gelin① 提出疑问：是否式(1) 的数均是素数. Catalan 指出前 4 个是素数.

卢卡斯② 指出 Proth 提出的公理是 Pepin 提出的当 $k=3$ 时的情况.

在 1878 年 2 月 Pervouchine③ 发表说，F_{23} 有素因子 $5 \times 2^{25} + 1 = 167\,772\,161$.

W. Simerka④ 给出了 $7 \times 2^{14} + 1$ 整除 F_{12} 这个结果的一个简单的证明.

F. Landry⑤，82 岁的他经过最后几个月的努力研究，解决出 $F_6 = 274\,177 \times 67\,280\,421\,310\,721$. 第一个因子是一个素数，他和 Le Lasseur 以及 Gérardin[29a]⑥ 均分别证明了最后一个因子也是素数.

K. Broda⑦ 通过考虑 $n = (a^{32} - 1)(a^{64} + 1)(a^{512} + a^{384} + a^{256} + a^{128} + 1)$ 来找 $a^{32} + 1$ 的一个素因子 p，使其与 $u = \dfrac{a^{32}+1}{p}$ 相乘. 这样得到 $nu = \dfrac{(a^{640}-1)}{p}$，但 $a^{640} \equiv 1 \pmod{641}$. 由于 n 的每一个因子均是与 p 互素的，我们取 $a=2$ 并观察 $2^{32}+1$ 可被 641 整除.

卢卡斯⑧ 叙述了在 Landry 找到因子之前他已经证明了 F_6 是可分解的.

P. Seelhoff⑨ 给出了 $5 \times 2^{39} + 1$ 是 F_{35} 的因子，并对 Beguelin 做了评论.

J. Hermes⑩ 通过费马定理指出了对 F_n 可分解的研究.

李普希茨(R. Lipschitz)⑪ 将所有整数分成了几大类，其中一类素数是费马数 F_n，并设置了一个有关素数 F_n 的无穷问题的研究.

---

① Ibid. ,4,1878,160.

② Ibid. ,5,1879,137.

③ Bull. Ac. St. Pétersbourg, (3),25,1879,63(presented by V. Bouniakowsky); Mélanges math. astr. ac. St. Pétersbourg,5,1874-1881,519. Cf. Nouv. Corresp. Math. ,4, 1878,284-285;5,1879,22.

④ Casopis,Prag,8,1879,36,187-188. F. J. Studnicka,ibid. ,11,1881,137.

⑤ Comptes Rendus Paris,91,1880,138;Bull. Bibl. Storia Sc. Mat. ,13,1880,470; Nouv. Corresp. Math. ,6,1880,417;Les Mondes, (2),52,1880. Cf. Seelhoff, Archiv Math. Phys. , (2),2,1885,329;Lucas,Amer. Jour. Math. 1,1878,292;Récréat. Math. ,2,1883, 235;l'intermédiaire des math. ,16,1909,200.

⑥ Sphinx-Oedipe,5,1910,37-42.

⑦ Archiv Math. Phys. ,68,1882,97.

⑧ Récréations Math. ,2,1883,233-235. Lucas,^{35}354-355.

⑨ Zeitschr. Math. Phys. ,31,1886,172-174,380. For F_6,p. 329. French transl. , Sphinx-Oedipe，1912,84-90.

⑩ Archiv Math. Phys. , (2),4,1886,214-215,footnote.

⑪ Jour. für Math. ,105,1889,152-156;106,1890,27-29.

卢卡斯①提出了 Proth 的结论,但是有一个印刷错误.

H. Scheffler② 叙述了勒让德(Legendre)认为每一个 F_n 数均是素数,并得到了 F_5 的因子 641. 他指出了 $F_n F_{n+1} \cdots F_{\alpha-1} = 1 + 2^{2^n} + 2^{2 \cdot 2^n} + 2^{3 \cdot 2^n} + \cdots + 2^{2^{\alpha-2^n}}$. 他复述了 Pepin 的研究,取 $k=3$,且表述了他认为式(1)的数均为素数的观点. 但是对于 F_{16} 并没有给出证明.

博尔(W. W. R. Ball)③ 对了解到的结论做了参考与引述.

T. M. Pervouchine④ 验证了他对 F_{12} 和 F_{23} 被除数 $10^3 - 2$ 除后余数分解的证明.

Malvy⑤ 指出素数 $2^3 + 1$ 不在式(1)内.

F. Klein⑥ 叙述了 F_7 是可分解的.

A. Hurwitz⑦ 对 Proth 提出的规律做了归纳总结. 令 $F_n(x)$ 表示 $x^n - 1$ 的 $\phi(n)$ 次的最简因子,存在一个整数 q 使得 $F_{p-1}(q)$ 可被素数 p 整除,当 $p = 2^k + 1$ 时, $F_{p-1}(x) = x^{2^{k-1}} - 1$.

阿达玛(J. Hadamard)⑧ 给出了卢卡斯提出的第二个标注的一个非常简单的证明.

Cunningham⑨ 发现 F_{11} 有因子 $319\,489 \times 974\,849$.

A. E. Western⑩ 发现 F_9 有因子 $2^{16} \times 37 + 1$, F_{18} 有因子 $2^{20} \times 13 + 1$,由我们都已知的 $2^{14} \times 7 + 1$ 可知 F_{12} 的商数有因子 $2^{16} \times 397 + 1$ 和 $2^{16} \times 7 \times 139 + 1$. 他证实了由 J. Cullen 和 A. Cunningham 发现的 F_{38} 的因子 $2^{41} \times 3 + 1$ 的首位. 他和 A. Cunningham 发现 F_n 没有小于 10^6 的因子和相似的结论.

---

① Théorie des nombres,1891,preface,XII.
② Beiträgezur Zahlentheorie,1891,147,151-152,155(bottom),168.
③ Math. Recreations and Problems,ed. 2,1892,26;ed. 4,1905,36-37;ed. 5,1911,39-40.
④ Math. Papers Chicago Congress of 1893,I,1896,277.
⑤ L'intermédiaire des math. ,2,1895,41(219).
⑥ Vorträge über ausgewählte Fragen der Elementar Geometrie,1895,13;French transl. ,1896,26;English transl. , "Famous Problems of Elementary Geometry," by Beman and Smith,1897,16.
⑦ L'intermédiaire des math. ,3,1896,214.
⑧ Ibid. ,p. 114.
⑨ Report British Assoc. ,1899,653-654.
⑩ Cunningham and Western,Proc. Lond. Math. Soc. , (2),1,1903,175;Educ. Times,1903,270.

M. Cipolla[1][2] 指出,如果 q 是一个大于 $\dfrac{9^{2^{m-2}}-1}{2^{m+1}}$ 的素数且 $m>1$,那么 $2^m q+1$ 是一个素数当且仅当它可整除 3^k+1,其中 $k=q\cdot 2^{m+1}$.

Nazarevsky[3] 通过应用 3 是素数 2^k+1 的原根的事实证明了 Proth 的结论.

Cunningham[4] 指出 3,5,6,7,10,12 是原根且 13,15,18,21,30 是大于 5 的每一个素数的二次余数. 他分解了 $F_4^4+8+(F_0 F_1 F_2 F_3)^4$.

Thorold Gosset[5] 给出了两个 F_n 分解的因子中复合的素因子 $a\pm bi, n=5,6,9,11,12,18,23,36,38$.

J. C. Morehead[6] 对 Pepin 提出的 $k=3$ 时由 Klein 叙述的 F 可分解的结果给予了证明.

A. E. Western[7] 以同样的方法证明了 F_7 是可分解的,这项研究他独立地完成了且发现与 Morehead 的证明方法一致.

J. C. Morehead[8] 发现了 F_{73} 有素因子 $2^{75}\times 5+1$.

Cunningham[9] 强调了数 $E_{0,n}=2^n, E_{1,n}=2^{E_{0,n}},\cdots,E_{r+1,n}=2^{E_{r,n}}$.

对于一个奇数 $m, E_{r,0}, E_{r,1},\cdots$ 模 m 的余数没有部分周期而是一个循环周期.

A. Cunningham[10] 给出了一个表格,显示了 $E_{1,n}, E_{2,n}, E_{r,n}$ 的余数, 3^{3^n} 和 5^{5^n} 每个模小于 100 的素数的第一周期和给定的更大的素数,用 q 来取代底数 2. 他讨论了二次方的、四次方的和高次方的一素数模 F_n 余数的特征以及 F_n 模 F_{n+x} 余数的特征.

Cunningham 和 H. J. Woodall[11] 给出了 F_n 的所有可能因子的推论.

Cunningham[12] 指出,对于每一个 $F_n>5$,用代数方法知
$$2F_n=t^2-(F_n-2)u^2$$

---

[1] Periodico di Mat. ,18,1903,331.
[2] Also in Annali di Mat. ,(3),(9),1904,141.
[3] L'intermédiaire des math. ,11,1904,215.
[4] Math. Quest. Educ. Times,(2),1,1902,108;5,1904,71-72;7,1905,72.
[5] Mess. Math. ,34,1905,153-154.
[6] Bull. Amer. Math. ,Soc. ,11,1905,543.
[7] Proc. Lond. Math. Soc. ,(2),3,1905,xxi.
[8] Bull. Amer. Math. Soc. ,12,1906,449;Annals of Math. ,(2),10,1908-1909,99. French transl. in Sphinx-Oedipe,Nancy,1911,49.
[9] Report British Assoc. Adv. Sc. ,1906,485-486.
[10] Proc. London Math. Soc. ,(2),5,1907,237-274.
[11] Messenger of Math. ,37,1907-1908,65-83.
[12] Math. Quest. Educat. Times,(2),12,1907,21-22,28-31.

且分别用两种方法表述了 F_5 和 F_6 有 a^2+b^2 和 $c^2\pm 2d^2$ 的形式.他①指出 $F_n^3+E_n^3$ 是形如 $n+2$ 因子的代数乘积,其中 $E_n=2^{2^n}$,且指出如果 $n-m\geqslant 2$,$F_m^4+F_n^2$ 可分解,则 $M_n=\dfrac{F_n^3+E_n^3}{F_n+E_n}$ 可被 M_{n-r} 整除.

A. Cunningham② 也考虑了以 2 为底的 $\dfrac{1}{N}$ 的周期,其中 N 是费马数 $F_m F_{m-1}\cdots F_{m-r}$ 的乘积.

J. C. Morehead 和 A. E. Western③ 对 F_8 是可分解的进行了很长时间的计算且证得了结论成立,运用了 Pepin 对 k 取 3 时的结论证明了费马定理的逆定理.

巴赫曼(P. Bachmann)④ 通过 Pepin 和卢卡斯的方法证得了结论成立.

A. Cunningham⑤ 指出每一个大于 5 的 F_n 能够由 4 个决定因子 $\pm G_n$,$\pm 2G_n$ 的二次方形式表示,这里 $G_n=F_0 F_1\cdots F_{n-1}$.

Bisman 分析了 16 个例子,找到了 F_5 的因子 641.

A. Gérardin⑥ 指出 $F_n=(240x+97)(240y+161)$,且在特别情况下,精确地取 x 和 y 的值.

C. Henry⑦ 给出了我们所熟知结论的参考与引述.

卡迈查尔(R. D. Carmichael)⑧ 给出了 F_n 的根的研究与 Pepin 的说法是等价的且是 Huruitz 的说明的一个深入归纳总结.

阿奇巴尔德(R. C. Archibald) 引用了上面列出的许多论文,并将已知因子 F_n 收集到一个表中,Morehead 给出的结论除外.

---

① Ibid.,(2),14,1908,28;(2),8,1905,35-36.
② Math. Gazette,4,1908,263.
③ Bull. Amer. Math. Soc.,16,1909,1-6. French transl.,Sphinx-Oedipe,1911,50-55.
④ Niedere Zahlentheorie,Ⅱ,1910,93-95.
⑤ Math. Quest. Educat. Times,(2),20,1911,75,97-98.
⑥ Sphinx-Oedipe,7,1912,13.
⑦ Oeuvres de Fermat,4,1912,202-204.
⑧ Annals of Math.,(2),15,1913-1914,67.

第 2 编
费马数的性质及应用

费马数是复合数的一个充要条件

第 5 章

武汉市张家湾中学的梅义元老师曾给出费马数 F_n 是合数的一个充要条件.

定理 1 当 $n \geqslant 5$ 时,$F_n = 2^{2^n} + 1$ 是合数的充要条件是不定方程
$$2^{2^n} x^2 + x - 2^{2^n - 2n - 2} = y^2 \tag{1}$$
有正整数解 (x_0, y_0) 且满足
$$2^n x_0 > y_0 \tag{2}$$

证明 充分性.

若(1)有满足(2)的正整数解 (x_0, y_0),则
$$k_1 = 2^n x_0 + \sqrt{2^{2^n} x_0^2 + x_0 - 2^{2^n - 2n - 2}} \tag{3}$$
$$= 2^n x_0 + y_0$$

及
$$k_2 = 2^n x_0 - \sqrt{2^{2^n} x_0^2 + x_0 - 2^{2^n - 2n - 2}} = 2^n x_0 - y_0 \tag{4}$$

均为正整数,且
$$(2^{n+1} k_1 + 1)(2^{n+1} k_2 + 1)$$
$$= [2^{n+1}(2^n x_0 + y_0) + 1][2^{n+1}(2^n x_0 - y_0) + 1]$$
$$= (2^{2n+1} x_0 + 1)^2 - 2^{2n+2} y_0^2$$
$$= 2^{4n+2} x_0^2 + 2^{2n+2} x_0 + 1 - 2^{2n+2}(2^{2^n} x_0^2 + x_0 - 2^{2^n - 2n - 2})$$
$$= 2^{2^n} + 1 = F_n$$

显然 $2^{n+1} k_1 + 1 > 1, 2^{n+1} k_2 + 1 > 1$,所以 F_n 是合数.

必要性.

若 F_n 是合数,则 F_n 可分解为如下形式
$$F_n = (2^{n+1}l_1+1)(2^{n+1}l_2+1) \tag{5}$$
其中 l_1, l_2 是正整数且 $l_1 \leqslant l_2$.

将(5)展开并化简,得
$$2^{2^n-n-1} = 2^{n+1}l_1 l_2 + (l_1+l_2) \tag{6}$$
当 $n \geqslant 5$ 时,$2^n - n - 1 > n+1$,由(6)立知,存在正整数 x_0 使得
$$l_1 + l_2 = 2^{n+1}x_0 \tag{7}$$
将(7)代入到(6)并化简,得
$$l_1 l_2 = 2^{2^n-2n-2} - x_0 \tag{8}$$
解代数方程组(7)(8)并注意到 $l_1 \leqslant l_2$,立得
$$\begin{cases} l_1 = 2^n x_0 - \sqrt{2^{2n}x_0^2 + x_0 - 2^{2^n-2n-2}} \\ l_2 = 2^n x_0 + \sqrt{2^{2n}x_0^2 + x_0 - 2^{2^n-2n-2}} \end{cases}$$
由于 l_1, l_2 均为正整数,所以存在正整数 y_0,使得
$$2^{2n}x_0^2 + x_0 - 2^{2^n-2n-2} = y_0^2$$
且 $2^n x_0 > y_0$,这就表明(1)有满足(2)的解.

由定理 1 的证明过程可以获得如下结论.

定理 2 若 F_n 是合数,则 F_n 可分解为
$$F_n = (2^{2n+1}x_0 - 2^{n+1}y_0 + 1)(2^{2n+1}x_0 + 2^{n+1}y_0 + 1) \tag{9}$$
其中 (x_0, y_0) 是不定方程(1)满足(2)的任意一组正整数解.

证明 F_5 是合数.

证明 首先我们容易验证不定方程
$$2^{10}x^2 + x - 2^{20} = y^2 \tag{10}$$
有正整数解 $(x, y) = (1\,636, 52\,342)$ 且 $2^5 \times 1\,636 = 52\,352 > 52\,342$. 因此,由定理 1 可知 F_5 是合数. 此外,由定理 2 还可得到 F_5 有如下分解

$F_5 = (2^{11} \times 1\,636 - 2^6 \times 52\,342 + 1)(2^{11} \times 1\,636 + 2^6 \times 52\,342 + 1)$

$\quad = 641 \times 6\,700\,417$

费马数和梅森数的方幂性

第 6 章

通常,把 $F_n = 2^{2^n} + 1 (n=0,1,2,\cdots)$ 称为费马数,把 $M_p = 2^p - 1$(p 为素数)称为梅森数. 洪斯贝格曾证明了 F_n 非平方数也非立方数;也有人提出 M_p 也非平方数. 武汉大学 91 级数学实验班的曾登高拓广了他们的工作.

引理 1① (i) 方程 $x^2 - 1 = y^p$($p \geq 3$ 为素数)仅有正整数解 $(x,y,p) = (3,2,3)$.

(ii) 方程 $x^2 + 1 = y^n (n > 1)$ 无正整数解.

引理 2② (i) 若方程 $y^p + 1 = 2x^2$($p > 3$ 为素数)有正整数解,则除 $x = y = 1$ 外,必有 $2p \mid x$.

(ii) 方程 $y^3 + 1 = 2x^2$ 仅有正整数解 $(x,y) = (1,1), (78,23)$.

引理 3 以方程 $\dfrac{x^n - 1}{x - 1} = y^m (n \geq 3, m > 1, x > 1)$ 来说,

(i)③ 若 $4 \mid n$,则仅有正整数解 $(x,y,m,n) = (7,20,2,4)$.

(ii)④ 若 $m = 2$,则仅有正整数解 $(x,y,n) = (7,20,4)$ 和 $(3,11,5)$.

---

① 曹珍富. 丢番图方程引论[M]. 哈尔滨:哈尔滨工业大学出版社,1989.
② 曹珍富. Proc Amer Math Soc. 1986:11-16.
③ T. Nagell, Norsk Mat. Tidsskr, 1920:75-78.
④ W. Liunggren, Norsk Mat. Tidsskr, 1943:17-20.

定理 1 对任何自然数 $k>1$，F_n 不是 k 次方数.

证明 若 $F_n = y^k$，则 $y^k = F_n = 2^{2^n} + 1 = (2^{2^{n-1}})^2 + 1$，与引理 1 的(ii)矛盾.

关于费马数的如下性质，最早发现①：$F_n = F_0 F_1 \cdots F_{n-2} + 2$；由 $F_0 F_1 \cdots F_{n-2} = F_n - 2 = (2^{2^{n-1}})^2 - 1$ 及引理 1，即得：

定理 2 对任何自然数 $k>1$，$F_0 F_1 \cdots F_n$ 不是 k 次方数.

还有更强的结论：

定理 3 对任何 $m, n, k > N, k > 1, m > n+1$，$F_{n+1} F_{n+2} \cdots F_m$ 不是 k 次方数.

证明 由 $F_n = F_0 F_1 \cdots F_{n-2} + 2$ 知

$$F_{n+1} F_{n+2} \cdots F_m = \frac{(2^{2^{m+1}})^2 - 1}{(2^{2^{n+1}})^2 - 1}$$

令 $x = 2^{2^{n+1}}$，则 $2^{2^{m+1}} = x^{2^{m-n}}$.

若 $F_{n+1} F_{n+2} \cdots F_m = y^k$，则有 $\dfrac{x^{2^{m-n}} - 1}{x - 1} = y^k$.

因为 $m - n \geq 2$，所以 $2^{m-n} > 3, x > 1$，由引理 3 知 $x = 7$，这与 $x = 2^{2^{n+1}}$ 矛盾.

对于梅森数，我们有如下较强的结论：

定理 4 若 p 为素数，$k > 1$，则 M_p 不是 k 次方数.

证明 $M_2 = 2^2 - 1 = 3$ 不是 k 次方数，设 p 为奇素数，若 $M_p = y^k$，则

$$y^k = 2^p - 1 = 2(2^{\frac{p-1}{2}})^2 - 1$$

任取 k 的素因数 q，有

$$(y^{\frac{k}{q}})^q + 1 = 2(2^{\frac{p-1}{2}})^2$$

由引理 2 知，若(i) $q > 3$，则 $2q \mid 2^{\frac{p-1}{2}}$，这不可能；(ii) 若 $q = 3$，只可能 $2^{\frac{p-1}{2}} = 1$，$y^{\frac{k}{3}} = 1$，则 $p = 1$ 与 p 为奇素数矛盾. 故只有 $q = 2$，从而 k 为偶数，且

$$\frac{2^p - 1}{2 - 1} = y^k = (y^{\frac{k}{2}})^2$$

由引理 3 知，此方程无解.

上述证明略加修改即可知：对任何自然数 n，M_n 也不是 $k(k>1)$ 次方数. 我们提出如下猜测供读者研究：

猜测 若 $P_1, P_2, \cdots, P_n, \cdots$ 是素数数列，$m > n + 1$，则 $M_{P_{n+1}} M_{P_{n+2}} \cdots, M_{P_m}$ 不是 $k(k>1)$ 次方数.

  J. Rosenbaum and D. Finkel. Problem E152. Amer Math Monthly, 1935:569.

第 7 章 费马数为素数的一个充要条件

众所周知,费马数 $F_n = 2^{2^n} + 1$ 当 $n = 0,1,2,3,4$ 时为素数. 凤阳师范学校的陶国安教授 1997 年以分数化小数的性质为基础给出费马数 $F_n (n \geqslant 2)$ 为素数的一个充要条件.

引理 1 若 d 是奇素数,则 $1/d$ 化成小数后是循环节位数为 $(d-1)/2$ 的约数的循环小数的充要条件为 $d \equiv \pm 3^k \pmod{40}$(其中 $k = 0,1,2,3$)①.

引理 2 若 $n \geqslant 2$,则存在非负整数 m,使 $F_n = 40m + 17$.

证明 (i) 因为当 $n = 2$ 时,$F_2 = 17 = 40 \times 0 + 17$,所以当 $n = 2$ 时引理 2 成立.

(ii) 假设当 $n = k(k \geqslant 2)$ 时引理 2 成立,即存在非负整数 p,使 $F_k = 40p + 17$.

那么,当 $n = k + 1$ 时,有

$$F_{k+1} = 2^{2^{k+1}} + 1 = 2^{2^k} \cdot 2^{2^k} + 1 = (F_k - 1)^2 + 1$$
$$= (40p + 16)^2 + 1 = 40(40p^2 + 32p + 6) + 17$$

由 p 为非负整数与整数性质知 $40p^2 + 32p + 6$ 为正整数,这也就是说,如果当 $n = k(k \geqslant 2)$ 时引理 2 成立,那么当 $n = k + 1$ 时引理 2 也成立.

---

① 陈湘能. 国际最佳数学征解问题分析[M]. 长沙:湖南科学技术出版社,1983.

综合(i)(ii)与数学归纳法原理,引理2得证.

引理3 若$n \geq 2$时费马数F_n为素数,则$1/F_n$化成小数后是一循环节位数为$F_n - 1$的纯循环小数.

证明 由引理2知当$n \geq 2$时存在非负整数m,使$F_n = 40m + 17$,故$n \geq 2$时有2不整除F_n与5不整除F_n,由分数化小数的性质知$1/F_n$化成小数后是一纯循环小数.

又因$40m + 17 \not\equiv \pm 3^k \pmod{40}$,故由$F_n$为素数与引理1知$1/F_n$化成小数后是循环节位数不是$(F_n - 1)/2$的约数的循环小数.

再由费马小定理知
$$10^{F_n - 1} \equiv 1 \pmod{F_n} \tag{1}$$

因此设$1/F_n$化成小数后循环节的位数为t,那么$t \mid (F_n - 1)$①,即t是2^{2^n}的约数,但是在2^{2^n}的所有约数中只有2^{2^n}不是$(F_n - 1)/2$的约数,进一步由(1)知引理3成立.

引理4 若$n \geq 2$且$1/F_n$化成小数后是循环节位数为$F_n - 1$的循环小数,则F_n必为素数.

证明 因为当$n \geq 2$时由引理1知$(10, F_n) = 1$,所以由欧拉定理知$10^{\varphi(F_n)} \equiv 1 \pmod{F_n}$.

又因为若F_n为合数,设F_n的标准分解式为$F_n = p_1^{\alpha_1} \cdot p_2^{\alpha_2} \cdot \cdots \cdot p_s^{\alpha_s}$,其中$p_1, p_2, \cdots, p_s$为各不相同的素数,$\alpha_1, \alpha_2, \cdots, \alpha_s$是正整数.

而由欧拉函数的定义得
$$\varphi(F_n) = F_n (1 - \frac{1}{p_1})(1 - \frac{1}{p_2}) \cdots (1 - \frac{1}{p_s})$$

所以,若$s = 1$,则
$$\varphi(F_n) = F_n(1 - \frac{1}{p_1}) = p_1^{\alpha_1} - p_1^{\alpha_1 - 1} \tag{2}$$

由F_n为合数,知$\alpha_1 \geq 2$,故$p_1^{\alpha_1 - 1} > 1$,因此由(2)知$\varphi(F_n) < p_1^{\alpha_1} - 1$,即
$$\varphi(F_n) < F_n - 1 \tag{3}$$

若$s > 1$,由$p_2, p_3, \cdots, p_s$均为素数知
$$(1 - \frac{1}{p_2})(1 - \frac{1}{p_3}) \cdots (1 - \frac{1}{p_s}) < 1$$

于是
$$\varphi(F_n) < F_n(1 - \frac{1}{p_1})$$

即
$$\varphi(F_n) < F_n - p_1^{\alpha_1 - 1} \cdot p_2^{\alpha_2} \cdot p_3^{\alpha_3} \cdot \cdots \cdot p_s^{\alpha_s} \tag{4}$$

---

① 左平泽. 数学欣赏[M]. 北京:北京出版社,1981.

再由 $p_1,p_2,p_3,\cdots,p_s$ 均为素数且 $\alpha_1,\alpha_2,\alpha_3,\cdots,\alpha_s$ 均为正整数知 $p_1^{\alpha_1-1} \geqslant 1$, $p_2^{\alpha_2} p_3^{\alpha_3} \cdots p_s^{\alpha_s} > 1$,因此由(4)得 $\varphi(F_n) < F_n$.

这也就是说,$1/F_n$ 化为小数后循环节的位数小于 F_n-1,这与题设矛盾!故 F_n 为素数.综合(3)(4)知若 F_n 为合数,则必有 $\varphi(F_n) < F_n - 1$.

定理 若 $n \geqslant 2$,则 $F_n = 2^{2^n} + 1$ 为素数的充要条件为 $1/F_n$ 化成小数后是循环节位数为 $F_n - 1$ 的循环小数.

证明 由引理 4 知充分性成立,再由引理 3 知必要性得证.故定理得证.

关于居加猜测与费马数为素数的充要条件

8.1 预备知识

如何判断一个大的自然数 p 是否为素数,这是人们甚为关心的一个问题. 1950 年,居加(Giuga)猜测①:

设 $p > 1$,则
$$\sum_{k=1}^{p-1} k^{p-1} + 1 \equiv 0 \pmod{p} \tag{1}$$

成立是 p 为素数的充要条件.

由费马小定理立知,当 p 为素数时(1)成立. 但(1)成立则 p 必为素数的猜测至今未能证明. 成都地质学院(今成都理工大学)的康继鼎、周国富两位教授证明了下列的定理.

定理 1 式(1)成立的充要条件是:或 p 为素数;或 $p = \prod_{j=1}^{n} p_j$,其中 $p_1,\cdots,p_n$ 为不同的奇素数,$n > 100$,且

$$(p_j - 1) \mid (p-1), \quad p_j \mid (m_j - 1) \quad (j = 1, \cdots, n)$$

此处 $m_j = \dfrac{p}{p_j}$.

---

① 王元. 谈谈素数[M]. 上海:上海教育出版社,1978.

形式为 $F_m = 2^{2^m} + 1$ 的数称为费马数. 当 $m = 0, 1, 2, 3, 4$ 时 F_m 都是素数. 欧拉证明了 F_5 不是素数. 到今天为止,人们只知道上面 5 个费马数是素数,此外还证明了 46 个费马数不是素数. 因此在费马数中,是否有无穷多个素数,或者是否有无穷多个复合数,都是没有解决的问题.① 本章的另一个内容,在于借助于定理 1 证明了下列的定理:

定理 2 费马数 $F_m = 2^{2^m} + 1$ 是素数的充要条件为
$$\sum_{k=1}^{F_m - 1} k^{F_m - 1} + 1 \equiv 0 \pmod{F_m} \tag{2}$$

8.2 引 理

引理 1② 若 p 为素数,$p \nmid a$,n 为任一自然数,则
$$a^{p-1} \equiv 1 \pmod{p}, \quad a^{n(p-1)} \equiv 1 \pmod{p}$$

引理 2③ 若 p 为奇素数,$(p-1) \nmid m$,则
$$\sum_{k=1}^{p-1} k^m \equiv 0 \pmod{p}$$

引理 3 若 $p = p^* m$,p^* 为素数,且 $(p^* - 1) \mid (p - 1)$,则
$$\sum_{k=1}^{p-1} k^{p-1} + 1 \equiv 1 - m \pmod{p^*}$$

证明 由于在 $1, \cdots, (p-1)$ 中有且只有 $\left[\dfrac{p-1}{p^*}\right] = \left[\dfrac{p^* m - 1}{p^*}\right] = (m - 1)$ 个数是 p^* 的倍数,因此在 $1, \cdots, (p-1)$ 中有且只有 $(p-1) - (m-1) = p - m$ 个数与 p^* 互素. 记 $p - 1 = n(p^* - 1)$. 由于 p^* 是素数,于是根据引理 1 就有
$$\sum_{k=1}^{p-1} k^{p-1} + 1 = \sum_{k=1}^{p-1} k^{n(p^*-1)} + 1 \equiv \sum_{\substack{k=1 \\ (k, p^*) = 1}}^{p-1} 1 + 1 = (p - m) + 1 \equiv 1 - m \pmod{p^*}$$

引理 4 若 $p = \prod_{j=1}^{n} p_j$,其中 $p_1, \cdots, p_n$ 为不同的奇素数,$n \geqslant 2$,且
$$(p_j - 1) \mid (p - 1), \quad p_j \mid (m_j - 1) \quad (j = 1, \cdots, n)$$
此处 $m_j = \dfrac{p}{p_j}$,则 $n > 100$.

---

① 王元. 谈谈素数[M]. 上海:上海教育出版社,1978.
② 维诺格拉陀夫 И М. 数论基础[M]. 裘光明,译. 北京:高等教育出版社,1956:52-53.
③ 同②,111-112.

证明 由于 $p_j \mid (m_j-1)(j=1,\cdots,n)$,故
$$p \mid \left(\sum_{j=1}^{n} m_j - 1\right)$$
从而
$$\sum_{j=1}^{n} \frac{1}{p_j} - \frac{1}{p} = \frac{\sum_{j=1}^{n} m_j - 1}{p} \geqslant 1$$
因此
$$\sum_{j=1}^{n} \frac{1}{p_j} > 1 \tag{3}$$
又由于 $(p_j-1) \mid (p-1)$,而 $p_i \nmid (p-1)$,因此
$$(p_i, p_j - 1) = 1 \quad (i,j=1,\cdots,n) \tag{4}$$
若 $n=2$,(3) 显然不能成立. 设 $n \geqslant 3$.

以下分 6 种情况讨论,在此,记全体奇素数所组成的集合为 $\overline{P}$.

① 若 p 有因子 $3,5$,置 $Q=\{q_i\}$ 是 $\overline{P}$ 中去掉所有形如 $3k+1$ 及 $5k+1$ 的素数后所成的集合. 不妨设 $q_1 < q_2 < \cdots$. 于是由 (4) 有
$$\sum_{j=1}^{100} \frac{1}{p_j} \leqslant \sum_{j=1}^{100} \frac{1}{q_j} \leqslant 0.93 < 1 \tag{3_1}$$

② 若 p 有因子 3,但无因子 5,置 $Q=\{q_i\}$ 是 $\overline{P}$ 中去掉 5 及所有形如 $3k+1$ 的素数后所成的集合. 不妨设 $q_1 < q_2 < \cdots$. 于是由 (4) 有
$$\sum_{j=1}^{100} \frac{1}{p_j} \leqslant \sum_{j=1}^{100} \frac{1}{q_j} \leqslant 0.77 < 1 \tag{3_2}$$

③ 若 p 无因子 3,但有因子 $5,7$,此时仿上讨论,知
$$\sum_{j=1}^{100} \frac{1}{p_j} \leqslant \sum_{j=1}^{100} \frac{1}{q_j} \leqslant 0.98 < 1 \tag{3_3}$$

④ 若 p 无因子 $3,5$,但有因子 7,此时仿上讨论,知
$$\sum_{j=1}^{100} \frac{1}{p_j} \leqslant \sum_{j=1}^{100} \frac{1}{q_j} \leqslant 0.99 < 1 \tag{3_4}$$

⑤ 若 p 无因子 $3,7$,但有因子 5,此时仿上讨论,知
$$\sum_{j=1}^{100} \frac{1}{p_j} \leqslant \sum_{j=1}^{100} \frac{1}{q_j} \leqslant 0.92 < 1 \tag{3_5}$$

⑥ 若 p 无因子 $3,5,7$,此时仿上讨论,知
$$\sum_{j=1}^{100} \frac{1}{p_j} \leqslant \sum_{j=1}^{100} \frac{1}{q_j} \leqslant 0.94 < 1 \tag{3_6}$$

现在,由 (3) 及 (3_1) $\sim$ (3_6),则知 $n > 100$.

引理 5 费马数 $F_m = 2^{2^m} + 1$ 的素约数必形如 $2^{m+1}x+1$.

8.3　定理 1、定理 2 的证明

首先证明定理 1.

证明　充分性.

若 p 为素数,此时由引理 1 有

$$\sum_{k=1}^{p-1} k^{p-1} + 1 \equiv (p-1) + 1 \equiv 0 \pmod{p}$$

即(1)成立.

若 p 不为素数,此时由引理 3 知

$$\sum_{k=1}^{p-1} k^{p-1} + 1 \equiv 1 - m_j \equiv 0 \pmod{p_j} \quad (j=1,\cdots,n)$$

因此
$$\sum_{k=1}^{p-1} k^{p-1} + 1 \equiv 0 \pmod{p}$$

即(1)成立.

必要性.

设(1)成立. 若 p 不为素数,我们分以下 4 步进行讨论:

(i) 若 $p = 2m(m > 1)$:

此时 $(p-1)$ 为奇数. 由二项式定理知,对于任何正整数 k 有

$$k^{p-1} + (p-k)^{p-1} \equiv 0 \pmod{p} \equiv 0 \pmod{m} \tag{5}$$

从而根据(5)有

$$\sum_{k=1}^{p-1} k^{p-1} + 1 = \sum_{k=1}^{\frac{p}{2}-1} [k^{p-1} + (p-k)^{p-1}] + \left(\frac{p}{2}\right)^{p-1} + 1$$

$$= \sum_{k=1}^{m-1} [k^{p-1} + (p-k)^{p-1}] + m^{p-1} + 1 \equiv 1 \pmod{m} \tag{6}$$

(6)的左端既然不能被 m 除尽,故必不能有(1),此与(1)成立相矛盾.

因此 $p \neq 2m(m > 1)$,即 p 无素因子 2.

(ii) 若 $p = p^* m(m > 1)$,p^* 为奇素数,且 $(p^* - 1) \nmid (p-1)$:

此时 $p = p^* m = (m-1)p^* + p^*$. 由引理 2 有

$$\sum_{k=1}^{p-1} k^{p-1} + 1 \equiv \sum_{k=1}^{p} k^{p-1} + 1 \equiv \sum_{l=0}^{m-1} \sum_{r=1}^{p^*} (lp^* + r)^{p-1} + 1$$

$$\equiv m \sum_{r=1}^{p^*} r^{p-1} + 1 \equiv m \sum_{r=1}^{p^*-1} r^{p-1} + 1 \equiv 1 \pmod{p^*} \tag{7}$$

(7)的左端既然不能被 p^* 除尽,故必然不能有(1),此与(1)成立相矛盾.

因此对 p 的奇素因子 p^* 必然有 $(p^*-1)\mid(p-1)$,以下进一步证明 p 的奇素因子互不相同.

(iii) 若 $p=p^{*2}m(m\geqslant 1)$,p^* 为奇素数,且 $(p^*-1)\mid(p-1)$:

此时由引理 3 有

$$\sum_{k=1}^{p-1}k^{p-1}+1\equiv 1-p^*m\equiv 1(\bmod p^*) \tag{8}$$

与前同理,知(8)与(1)矛盾,故 p 的奇素因子 p^* 必互不相同,且皆有 $(p^*-1)\mid(p-1)$.

(iv) 若 $p=\prod_{j=1}^{n}p_j(n\geqslant 2)$,其中 $p_1,\cdots,p_n$ 为不同的奇素数,且 $(p_j-1)\mid(p-1)(j=1,\cdots,n)$:

此时由引理 3 及(1)有

$$1-m_j\equiv\sum_{k=1}^{p-1}k^{p-1}+1\equiv 0(\bmod p_j)\quad(j=1,\cdots,n)$$

于是得到

$$p_j\mid(m_j-1)\quad(j=1,\cdots,n)$$

再由引理 4 知 $n>100$. 至此,定理 1 证毕.

其次证明定理 2.

证明 充分性.

若 F_m 是素数,则由(1)知(2)成立.

必要性.

若 F_m 不是素数,则由定理 1 知 $F_m=\sum_{j=1}^{n}p_j$,其中 $p_1,\cdots,p_n(n\geqslant 2)$ 为不同的奇素数,且

$$(p_j-1)\mid 2^{2^m}\quad(j=1,\cdots,n) \tag{9}$$

不妨设 $p_1<\cdots<p_n$. 由引理 5 知,可设

$$p_j=2^{m+1}x_j+1\quad(j=1,\cdots,n)$$

于是 $p_j-1=2^{m+1}x_j$. 再由(9)知 $2^{m+1}x_j\mid 2^{2^m}$. 因此可设

$$p_j=2^{\alpha_j}+1\quad(j=1,\cdots,n)$$

其中

$$0<\alpha_1<\alpha_2<\cdots<\alpha_n<2^m \tag{10}$$

从而

$$F_m=2^{2^m}+1=\prod_{j=1}^{n}(2^{\alpha_j}+1) \tag{11}$$

由于 $2^{2^m}+1\equiv 1(\bmod 2^{\alpha_2})$,又由(10)有

$$\prod_{j=1}^{n}(2^{\alpha_j}+1) \equiv 2^{\alpha_1}+1 \pmod{2^{\alpha_2}}$$

于是由(11)有

$$1 \equiv 2^{\alpha_1}+1 \pmod{2^{\alpha_2}}$$

即 $2^{\alpha_1} \equiv 0 \pmod{2^{\alpha_1}}$,此与 $\alpha_1 < \alpha_2$ 相矛盾,故 F_m 必是素数.

至此,定理 2 证毕.

几个有关费马数的结论

第 9 章

费马数问题是国际上未解决的一个著名的数论问题,目前许多研究都是利用计算机的高速运算功能,寻找费马数的因子,但即便如此,所得结果也很有限,成都理工大学的贾耿华硕士 2006 年在其导师魏贵民教授的指导下完成了题为《关于费马数的研究》的论文,在论文中,他用初等的知识对其进行了研究,得出了 9 个结论.

下面是几个关于费马数的最常用的引理:

引理 1[①] $F_0 F_1 F_2 F_3 \cdots F_n = F_{n+1} - 2$.

证明

$$F_0 F_1 F_2 F_3 \cdots F_n = (2^{2^0} + 1)(2^{2^1} + 1) \cdots (2^{2^n} + 1)$$
$$= (2^{2^0} - 1)(2^{2^0} + 1)(2^{2^1} + 1) \cdots (2^{2^n} + 1)$$
$$= (2^{2^1} - 1)(2^{2^1} + 1) \cdots (2^{2^n} + 1) = (2^{2^n} - 1)(2^{2^n} + 1)$$
$$= 2^{2^{n+1}} - 1 = F_{n+1} - 2$$

引理 2[②] 任给两个费马数 $F_m, F_n, m \neq n$,则 $(F_m, F_n) = 1$.

证明 不失一般性,可设 $m > n \geqslant 0, m = n + k, k > 0$,而 $l \mid F_n, l \mid F_{n+k}$,如果令 $x = 2^{2^n}$,我们有

---

① 于晓秋,肖藻. Fermat 数的若干结论[J]. 佳木斯大学学报:自然科学版,2003, 21(3):290-292.

② 柯召,孙琦. 数论讲义(上)[M]. 北京:高等教育出版社,2001.

$$\frac{F_{n+k}-2}{F_n}=\frac{2^{2^{n+k}}-1}{2^{2^n}+1}=\frac{x^{2^k}-1}{x+1}=x^{2^k-1}-x^{2^k-2}+\cdots-1$$

故 $F_n\mid(F_{n+k}-2)$,且因 $l\mid F_{n+k},l\mid(F_{n+k}-2)$,推出 $l\mid2$,因 F_n 是奇数,故 $l=1$.

引理 3① 如果 2^m+1 是素数,那么 $m=2^n$,反之不真.

证明 反证法,假设 m 有一个奇真因子 q,那么 $m=qr$,且

$$2^m+1=2^{qr}+1=(2^r)^q+1=(2^r+1)(2^{r(q-1)}-2^{r(q-2)}+2^{r(q-3)}\cdots-2^r+1)$$

因为 $1<2^r+1<2^m+1$,所以 2^m+1 有真因子 2^r+1,即 2^m+1 就不是素数,这与已知矛盾.因此 m 不能有奇真因子,即 $m=2^n$.

反之不成立是显然的.

引理 4② 当 $n\geqslant 2$ 时,费马数 $F_n=2^{2^n}+1$ 的素因数必具有 $p=2^{n+2}h+1$ 的形式 ($h\in\mathbf{N}$).

证明 若 p 是 F_n 的素因数,则显然为奇素因数,且有

$$p\mid F_n\Rightarrow p\mid(2^{2^n}+1)\Rightarrow 2^{2^n}\equiv-1(\bmod\ p)\Rightarrow(2^{2^n})^2\equiv(-1)^2(\bmod\ p)$$

即 $2^{2^{n+1}}\equiv 1(\bmod\ p)$,可见 2^{n+1} 是最小的,于是由 $2^{p-1}\equiv 1(\bmod\ p)$,且 $(2,p)=1$,推出 $2^{n+1}\mid(p-1)$,即 $p=2^{n+1}k+1$.又由于 $n\geqslant 2$,故 $p\equiv 1(\bmod\ 8)$,从而有 $2^{\frac{p-1}{2}}\equiv 1(\bmod\ p)$,而 $\frac{p-1}{2}=2^n k$,故 $1\equiv 2^{\frac{p-1}{2}}=2^{2^n k}=(2^{2^n})^k\equiv(-1)^k(\bmod\ p)$,也就有 $1\equiv(-1)^k(\bmod\ p)$,由于 $p\equiv 1(\bmod\ 2)$,故 $k\equiv 0(\bmod\ 2)$,记 $k=2h$,从而得到当 $n\geqslant 2$ 时,费马数 $F_n=2^{2^n}+1$ 的任一素因数必具有 $p=2^{n+2}h+1$ 的形式.

引理 5③ 若 $p>2$ 且 $p\mid F_n$,则 p 为素数或伪素数.

证明 $p\mid F_n$,由引理 4,$2^{n+2}\mid(p-1)$,故有 $(2^{2^{n+2}}-1)\mid(2^{p-1}-1)$,$(F_{n+2}-2)\mid(2^{p-1}-1)$.由引理 1,$F_0F_1F_2F_3\cdots F_n=F_{n+1}-2$,则有 $2^{p-1}\equiv 1(\bmod\ F_0F_1\cdots F_{n+1})$,因此有 $2^{p-1}\equiv 1(\bmod\ F_n)$,故有 $2^{p-1}\equiv 1(\bmod\ p)$,所以 p 为素数或伪素数.

引理 6④ $n\geqslant 0$,则 2 关于模 F_n 的次数是 2^{n+1},若 $p\mid F_n$,则 2 关于模 p 的次数是 2^{n+1}.

证明 因为 $F_n=2^{2^n}+1$,所以 $2^{2^n}\equiv-1(\bmod\ F_n)$,因此 $(2^{2^n})^2=2^{2^{n+1}}\equiv$

---

① 刘荣辉. Fermat 数的若干结论和应用[J]. 大庆高等专科学校学报,2002(4):4-6.
② 孙琦,郑德勋,沈仲琦. 快速数论变换[M]. 北京:科学出版社,1980.
③ 王云葵,邓艳平. 关于费尔马数为伪素数的充要条件[J]. 广西民族学院学报:自然科学版,1998(4):3-5.
④ 潘承洞,潘承彪. 初等数论(第二版)[M]. 北京大学出版社,2003.

$1 \pmod{F_n}$，并且可以看出 2^{n+1} 是最小的，所以 2 关于模 F_n 的次数是 2^{n+1}. 由引理 4 的证明可知 2 关于模 p 的次数是 2^{n+1}.

引理 7① $p_1, p_2, \cdots, p_s$ 是两两互素的奇素数或奇伪素数，并且 2 关于 p_i 的次数为 d_i，则 $p = p_1 p_2 \cdots p_s$ 是伪素数的充要条件是 $d_i \mid \dfrac{p}{p_i} - 1 (i = 1, 2, \cdots, s)$.

证明 必要性.

p 为伪素数，则 $2^{p-1} \equiv 1 \pmod{p}$，由 $p = p_1 p_2 \cdots p_s$ 知，对每个 p_i 均有 $2^{p-1} \equiv 1 \pmod{p_i}$. 因 p_i 为伪素数或奇伪素数，有 $2^{p_i-1} \equiv 1 \pmod{p_i}$，又 2 关于 p_i 的次数为 d_i，有 $d_i \mid (p_i - 1), d_i \mid (p - 1)$. 由 $p - 1 = \dfrac{p}{p_i}(p_i - 1) + \dfrac{p}{p_i} - 1$，有 $d_i \mid \left(\dfrac{p}{p_i} - 1\right)$.

充分性.

p_i 为伪素数或奇伪素数，有 $2^{p_i-1} \equiv 1 \pmod{p_i}$. 因 2 关于 p_i 的次数为 d_i，由 $d_i \mid (p_i - 1)$ 及 $p - 1 = \dfrac{p}{p_i}(p_i - 1) + \dfrac{p}{p_i} - 1$ 知，$d_i \mid (p - 1)$. 根据次数的定义，$2^{d_i} \equiv 1 \pmod{p_i}$，从而有 $2^{p-1} \equiv 1 \pmod{p_i} (i = 1, 2, \cdots, s)$. 由 $p = p_1 p_2 \cdots p_s$ 及 p_i 两两互素，则有 $2^{p-1} \equiv 1 \pmod{p}$. 故 $p = p_1 p_2 \cdots p_s$ 为伪素数.

以下是本章的主要成果.

洪斯贝格在研究费马数时曾证明了 F_n 非平方数也非立方数. 曾登高又发现以下结论：

① 对任何自然数 $k > 1$，F_n 不是 k 次方数.

② 对任何自然数 $k > 1$，$F_0 F_1 \cdots F_n$ 不是 k 次方数.

③ 对任何 $m, n, k > N, k > 1, m > n + 1$，$F_{n+1} F_{n+2} \cdots F_m$ 也不是 k 次方数.

在此基础上，作者进一步证明了下面的结论：

结论 1 对任何自然数 $k > 1$，任何 $i_1, i_2, \cdots, i_n \in \mathbf{Z}_+$，$F_{i_1} F_{i_2} \cdots F_{i_n}$ 不是 k 次方数.

证明 （反证法）假设 $F_{i_1} F_{i_2} \cdots F_{i_n} = (p_1 p_2 \cdots p_m)^k = p_1^k p_2^k \cdots p_m^k$.

若 F_{i_1} 有因子 p_j，因为 $(F_n, F_m) = 1$，显然 $p_j^k \mid F_{i_1}$，即 $F_{i_1} = p_j^k \cdots p_s^k = (p_j \cdots p_s)^k$.

但这与 F_n 不是 k 次方数矛盾，所以对任何 $i_1, i_2, \cdots, i_n \in \mathbf{Z}_+$，$F_{i_1} F_{i_2} \cdots F_{i_n}$ 不是 k 次方数.

当 $n \geqslant 2$ 时，费马数恒以 7 结尾，谷峰得到了费马数的末两位数的一个性

---

① 王云葵. 任何费尔马数都是素数或伪素数[J]. 玉林师范学院学报，1998，19(3)：26-28.

质,即证明了:$F_n(n \geqslant 2)$ 满足 $\{F_{4k}\}_2 = 37, \{F_{4k+1}\}_2 = 97, \{F_{4k+2}\}_2 = 17,$
$\{F_{4k+3}\}_2 = 57$,其中符号 $\{m\}_2$ 表示 m 的末两位数,并且费马数有以下一些结论
$$F_n \equiv 1 \pmod{2}$$

当 $n \geqslant 1$ 时,$F_n \equiv 2 \pmod{3}$.

当 $n \geqslant 2$ 时,$F_n \equiv 2 \pmod{5}$.

$$F_n \equiv \begin{cases} 3 \pmod{7}, n = 2t \\ 5 \pmod{7}, n = 2t+1 \end{cases}$$

$$F_n \equiv \begin{cases} 5 \pmod{11}, n = 4t+1 \\ 6 \pmod{11}, n = 4t+2 \\ 4 \pmod{11}, n = 4t+3 \\ 10 \pmod{11}, n = 4t \end{cases}$$

$$F_n \equiv \begin{cases} 4 \pmod{13}, n = 2t \\ 10 \pmod{13}, n = 2t+1 \end{cases}$$

当 $n \geqslant 3$ 时,$F_n \equiv 2 \pmod{17}$.

……

那么,对于哪些素数 p 有 $F_n \equiv F_{n+1} \pmod{p}, F_n \equiv F_{n+2} \pmod{p}$ 呢?有以下两个结论:

结论 2 若 p 为 F_{n-1} 的奇素因子,对任意的 $m \geqslant 1$,有
$$F_n \equiv F_{n+1} \equiv \cdots \equiv F_{n+m} \pmod{p}$$

证明 若 p 为 F_{n-1} 的素因子,则
$$\begin{aligned}
F_{n+1} - F_n &= F_n F_{n-1} \cdots F_1 F_0 + 2 - F_n \\
&= F_n F_{n-1} \cdots F_1 F_0 - F_{n-1} \cdots F_1 F_0 \\
&= (F_n - 1) F_{n-1} \cdots F_1 F_0 \\
&= 2^{2^n} F_{n-1} \cdots F_1 F_0 \equiv 0 \pmod{p}
\end{aligned}$$

结论 3 若 p 为 $F_n^2 - F_n + 1$ 的奇素因子,对任意的 $m \geqslant 1$,有
$$F_n \equiv F_{n+2} \equiv \cdots \equiv F_{n+2m} \pmod{p}$$

证明
$$\begin{aligned}
F_{n+2} - F_n &= F_{n+1} F_n F_{n-1} \cdots F_1 F_0 + 2 - F_n \\
&= F_{n+1} F_n F_{n-1} \cdots F_1 F_0 - F_{n-1} \cdots F_1 F_0 \\
&= (F_{n+1} F_n - 1) F_{n-1} \cdots F_1 F_0 \\
&= [F_n (F_n F_{n-1} \cdots F_1 F_0 + 2) - 1] F_{n-1} \cdots F_1 F_0 \\
&= \{F_n [F_n (F_n - 2) + 2] - 1\} F_{n-1} \cdots F_1 F_0 \\
&= 2^{2^n} F_{n-1} \cdots F_1 F_0 (F_n^2 - F_n + 1) \equiv 0 \pmod{p}
\end{aligned}$$

素数判别和大数分解这个问题具有很大的理论价值,因为素数在数论中占有特殊的地位,鉴别它们则成为最基本的问题,而把合数分解成素因子的乘积是算术基本定理的构造性方面的需要.近来,由于计算机科学的发展,人们对许

多数学分支的理论体系重新用计算的观点来讨论.从计算的观点来讨论数论问题形成了当前很活跃的分支——计算数论,而素数判别和大数分解成为这一分支的重要组成部分.费马小定理是现代素数判定方法的基础,如果该定理的逆命题成立,那么判别素数就变得很容易了,不幸的是,费马小定理的逆命题并不成立,使之不成立的合数称为伪素数,可见伪素数在数论的研究中占有重要地位.

王云葵、邓艳平[①]证明了任何费马数及其因子都是素数或伪素数,并提出下面3个问题:① 费马数的因子是否为绝对伪素数? ② 费马数的任何两个因子之积是否为伪素数? ③ 两个不同费马数的因子之积是否为伪素数? 贾耿华在《关于费马数的两个注记》中找到了第三个问题的充要条件,下面的两个结论完全解决了第二个问题.

结论4 任一费马合数 F_n 的两个不同素因子 p_1,p_2 之积是伪素数.

证明 由引理2和引理7知 p_1,p_2 是互素奇素数或奇伪素数,由引理5可知 2 关于 p_1,p_2 的次数均为 2^{n+1},由引理6,p_1,p_2 为伪素数 $\Leftrightarrow 2^{n+1}\mid(p_1-1)$ 且 $2^{n+1}\mid(p_2-1)$.但 $p_1=2^{n+2}t_1+1,p_2=2^{n+2}t_2+1$,所以上式右边恒成立.所以 $p_{n_1}\cdot p_{n_2}$ 为伪素数.

结论5 任一费马合数 F_n 的任意个不同素因子之积是伪素数.

证明 设 $F_n=p_1^{s_1}p_2^{s_2}\cdots p_j^{s_j}$,不妨假设 $p=p_1p_2\cdots p_j$,由引理6知 2 关于 $p_i(1\leqslant i\leqslant j)$ 的次数均为 2^{n+1}.因为 $p_1=2^{n+2}t_1+1,p_2=2^{n+2}t_2+1,\cdots,p_j=2^{n+2}t_j+1$,所以 $\dfrac{p}{p_i}=p_1\cdots p_{i-1}p_{i+1}\cdots p_j=2^{n+2}t_i+1$,所以 $p_i-1\mid\dfrac{p}{p_i}-1(i=1,2,\cdots,j)$.由引理6可知 p 是伪素数.

目前人们只知道5个费马素数,对于费马数的素性判别,数论专家也得到了很多结论,最有名的莫过于Pepin判别法:F_n 为素数 $\Leftrightarrow 3^{\frac{F_n-1}{2}}\equiv-1(\bmod F_n)$,另外还有一些判别费马数为素数或合数的充要条件,可参考相关文献[①②③].

梅义元在《费马数是复合数的一个充要条件》中有以下结论:当 $n\geqslant 5$ 时,F_n 为合数的充要条件是 $2^{2n}x^2+x-2^{2^n-2n-2}=y^2$ 有正整数解 (x_0,y_0) 且满足 $2^{n+1}x_0>y_0$.下面的结论是对该文的改进:

[①] 王云葵,邓艳平.关于费尔马数为伪素数的充要条件[J].广西民族学院学报:自然科学版,1998(4):3-5.

[②] 李鹤年,刘澄清.费马数 $F_n=2^{2^n}+1$ 有两个素因数的充要条件[J].江西师范大学学报:自然科学版,1997,21(2):114-116.

[③] 陶国安.费马数为质数的一个充要条件[J].安徽农业技术师范学院学报,1997(4):108-109.

结论 6 当 $n \geqslant 5$ 时，F_n 为合数的充要条件是
$$2^{2n+2}x^2 + x - 2^{2^n-2n-4} = y^2 \tag{1}$$
有正整数解 (x_0, y_0) 且满足
$$2^{n+1}x_0 > y_0 \tag{2}$$

证明 充分性．

若(1)有满足(2)的正整数解 (x_0, y_0)，令
$$k_1 = 2^{n+1}x_0 - y_0, \quad k_2 = 2^{n+1}x_0 + y_0$$
其中
$$y_0 = \sqrt{2^{2n+2}x_0^2 + x_0 - 2^{2^n-2n-4}}$$
则
$$(2^{n+2}k_1 + 1)(2^{n+2}k_2 + 1)$$
$$= [2^{n+2}(2^{n+1}x_0 - y_0) + 1][2^{n+2}(2^{n+1}x_0 + y_0) + 1]$$
$$= (2^{n+3}x_0)^2 + 2^{n+4}x_0 + 1 - (2^{n+2}y_0)^2$$
$$= (2^{n+3}x_0)^2 + 2^{n+4}x_0 + 1 - (2^{n+2})^2[(2^{n+1}x_0)^2 + x_0 - 2^{2^n-2n-4}] = \cdots$$
$$= 2^{2^n} + 1$$

显然，$2^{n+2}k_1 + 1 > 1, 2^{n+2}k_2 + 1 > 1$，所以 F_n 是合数．

必要性．

若 F_n 为合数，由引理 4，F_n 的素因数有 $2^{n+2}h + 1$ 的形式，从而 F_n 的因数也有 $2^{n+2}h + 1$ 的形式，则有
$$F_n = (2^{n+2}l_1 + 1)(2^{n+2}l_2 + 1) = (2^{n+2})^2 l_1 l_2 + (2^{n+2})(l_1 + l_2) + 1$$
$$\Rightarrow 2^{2^n-n-2} = 2^{n+2}l_1 l_2 + (l_1 + l_2)$$
其中 l_1, l_2 为正整数，且 $l_1 \leqslant l_2$．

当 $n \geqslant 5$ 时，$2^n - n - 2 > n + 2$．所以存在 x_0 使得 $l_1 + l_2 = 2^{n+2}x_0$，所以
$$2^{2^n-n-2} = 2^{n+2}l_1 l_2 + 2^{n+2}x_0 \tag{3}$$
故
$$2^{2^n-2n-4} = l_1 \cdot l_2 + x_0 \Rightarrow l_1 \cdot l_2 = 2^{2^n-2n-4} - x_0 \tag{4}$$
由(3)(4)可解出
$$\begin{cases} l_1 = 2^{n+1}x_0 - \sqrt{2^{2n+2}x_0^2 + x_0 - 2^{2^n-2n-4}} \\ l_2 = 2^{n+1}x_0 + \sqrt{2^{2n+2}x_0^2 + x_0 - 2^{2^n-2n-4}} \end{cases}$$

由于 l_1, l_2 是正整数，所以存在 $y_0 \in \mathbf{Z}_+$，使得 $2^{2n+2}x_0^2 + x_0 - 2^{2^n-2n-4} = y_0^2$，且 $2^{n+1}x_0 > y_0$，这就表明(1)有满足(2)的解．

寻找费马数 F_n 的素因子很困难，数论专家们退而求其次，想找出 F_n 的因子的范围．设 $p(F_n)$ 是 F_n 的最大素因子，1998 年，乐茂华教授运用超越数论方法证明了当 $n \geqslant 2^{18}$ 时，$p(F_n) \geqslant 2^{n-4}n$．A. Grytczuk 和 M. Wojtowicz 运用初等

方法证明了当 $n>3$ 时,$p(F_n) \geqslant 2^{n+2}(4n+9)+1$,接着,乐茂华教授进一步证明了以下结果:当 $n>3$ 时,$p(F_n) > 2^{n+2}(4n+14)+1$. 本章进一步证明了以下结论.

结论 7 当 $n>4$ 时,$p(F_n) > 2^{n+2}(4n+16)+1$.

证明 设 F_n 是 s 个素数的乘积,即 $F_n=2^{2^n}+1=p_1 p_2 \cdots p_s$,其中 $p_i = 2^{n+2}a_i+1, i=1,2,\cdots,s$,式中 a_i 为正整数,由于当 a_i 等于 1 或 2 的方幂时,由引理 3 知,素数 p_i 必为费马数,但由引理 2 知,任意两个不同的费马数都是互素的,因此 a_i 都不等于 1 或 2 的方幂,所以 $a_i \geqslant 3, i=1,2,\cdots,s$. 据现有猜测,费马数 F_n 中不含有平方因子,所以每个 a_i 都不相等. 假设 F_n 只有两个素因子 $2^{n+2} \cdot 3+1, 2^{n+2} \cdot 5+1$,即

$$F_n = 2^{2^n}+1 = (2^{n+2} \cdot 3+1)(2^{n+2} \cdot 5+1) = 15 \cdot 2^{2n+4} + 2^{n+5}+1$$
$$\Rightarrow 15 \cdot 2^{n-1}+1 = 2^{2^n-n-5}$$

此种情形不存在. 又

$$(2^{n+2} \cdot 3+1)(2^{n+2} \cdot 6+1) = 18 \cdot 2^{2n+4} + 9 \cdot 2^{n+2}+1$$

而

$$(2^{n+2} \cdot 4+1)(2^{n+2} \cdot 4+1) = 16 \cdot 2^{2n+4} + 8 \cdot 2^{n+2}+1$$

所以

$$(2^{n+2} \cdot 3+1)(2^{n+2} \cdot 6+1) > (2^{n+2} \cdot 4+1)^2$$

则有

$$F_n = 2^{2^n}+1 = p_1 p_2 \cdots p_s > (2^{n+2} \cdot 4+1)^s$$
$$= (2^{n+2} \cdot 4)^s + s(2^{n+2} \cdot 4)^{s-1} + \cdots + 1$$

即

$$2^{2^n} > (2^{n+2} \cdot 4)^s = 2^{(n+4)s}$$

对上式取以 2 为底的对数有 $2^n > (n+4)s$.

又当 $n>4$ 时,$2^n > 2n+4$,所以有

$$F_n = 2^{2^n}+1 \equiv 1 \equiv \prod_{i=1}^{s}(2^{n+2}a_i+1) \equiv 2^{n+2}(a_1+a_2+\cdots+a_s)+1 (\mathrm{mod}\ 2^{2n+4})$$

从而 $a_1+a_2+\cdots+a_s \equiv 0(\mathrm{mod}\ 2^{n+2})$,所以 $a_1+a_2+\cdots+a_s \geqslant 2^{n+2}$,令 $a = \max(a_1+a_2+\cdots+a_s)$,则有 $as \geqslant 2^{n+2}$,再由 $2^n > (n+4)s$ 可得 $a > 4n+16$,所以当 $n>4$ 时,$p(F_n) > 2^{n+2}(4n+16)+1$.

结论 8 费马合数除 641 外,没有其他小于 10^6 的因子.

证明 前 8 个费马合数的分解如下:

$F_5 = 641 \cdot 6\ 700\ 417$

$F_6 = 274\ 177 \cdot 67\ 280\ 421\ 310\ 721$

$F_7 = 59\ 649\ 589\ 127\ 497\ 217 \cdot 5\ 704\ 689\ 200\ 685\ 129\ 054\ 721$

$F_8 = 1\ 238\ 926\ 361\ 552\ 897 \cdot p_{62}$

$F_9 = 2\ 424\ 833 \cdot 7\ 455\ 602\ 825\ 647\ 884\ 208\ 337\ 395\ 736\ 200\ 454\ 918\ 783\ 366\ 342\ 657 \cdot p_{99}$

$F_{10} = 45\,592\,577 \cdot 6\,487\,031\,809 \cdot 4\,659\,775\,785\,220\,018\,543\,264\,560\,743\,076\,778\,192\,897 \cdot p_{252}$

$F_{11} = 319\,489 \cdot 974\,849 \cdot 167\,988\,556\,341\,760\,475\,137 \cdot 3\,560\,841\,906\,445\,833\,920\,513 \cdot p_{564}$

$F_{12} = 114\,689 \cdot 26\,017\,793 \cdot 63\,766\,529 \cdot 190\,274\,191\,361 \cdot 1\,256\,132\,134\,125\,569 \cdot p_{1\,187}$

由引理 3 知,当 $n \geqslant 2$ 时,费马数 $F_n = 2^{2^n} + 1$ 的素因数必具有 $q = 2^{n+2}h + 1$ 的形式($h \in \mathbf{N}$). 再由引理 3 可知 $h \neq 1,2,4$,否则与引理 2 矛盾. 也就是说 F_{12} 的因子为 $3 \cdot 2^{12+2} + 1, 5 \cdot 2^{12+2} + 1, 6 \cdot 2^{12+2} + 1, \cdots$,但由验算可知 $3 \cdot 2^{12+2} + 1, 5 \cdot 2^{12+2} + 1, 6 \cdot 2^{12+2} + 1$ 均不为 F_{12} 的因子,因此 F_{12} 的因子 $\geqslant 7 \cdot 2^{12+2} + 1 = 114\,689$,又 $3 \cdot 2^{13+2} + 1$ 不为 F_{13} 的因子,因此 F_{13} 的因子 $\geqslant 5 \cdot 2^{13+2} + 1 = 163\,841$. 当 $n > 13$ 时,F_n 的因子 $\geqslant 2^{14+2} \cdot 3 + 1 = 196\,609$,由以上分解式可知,费马合数除 641 外,没有其他小于 10^6 的因子.

结论 9 形如 $4t + 3 (t \geqslant 1)$ 的素数均不为费马数的因子.

证明 $4t + 3 (t \geqslant 1)$ 形的素数有无穷多个. 当 $n = 0,1$ 时,$F_0 = 3, F_1 = 5$,而 $4t + 3 (t \geqslant 1)$ 不能生成 $3,5$. 由引理 4 可知,当 $n \geqslant 2$ 时,费马数 $F_n = 2^{2^n} + 1$ 的素因数必具有 $q = 2^{n+2}h + 1$ 的形式($h \in \mathbf{N}$),也就是说费马数的因子必须为 $q = 2^{2+2}k + 1 = 16k + 1$ 的形式,而 $4t + 3 (t \geqslant 1) \neq 16k + 1$,所以形如 $4t + 3 (t \geqslant 1)$ 的素数均不为费马数的因子.

费马数取模的一个结论

第 10 章

关于费马数 $F_n=2^{2^n}+1$ 取模的讨论已有很多的结论,有很多相关的文献①②③. 但在这些文章中,只是给出了费马数 $F_n=2^{2^n}+1$ 的非负整数 n 的取值范围,并未给出 n 的具体取值情况. 对于费马数 $F_n=2^{2^n}+1$ 的各个位次上数字的取值的确定,在某种程度上对于判断费马数 $F_n=2^{2^n}+1$ 是素数还是合数有一定的意义. 为此,喀什师范学院数学系的张四保教授 2013 年通过对费马数 $F_n=2^{2^n}+1$ 的非负整数 n 具体取值情况的讨论,利用中国剩余定理进行演算,讨论了费马数 $F_n=2^{2^n}+1$ 取模 10 000 的情况,得到如下结论.

定理 1 $n \geqslant 4$ 时,当 $n \equiv 2,3,11,12,18,41,53,56,74,89 \pmod{100}$ 时,$F_n=2^{2^n}+1$ 的千位数字是 0;当 $n \equiv 6,7,25,28,40,57,64,70,79,95 \pmod{100}$ 时,$F_n=2^{2^n}+1$ 的千位数字是 1;当 $n \equiv 1,13,32,43,49,51,54,76,82,98 \pmod{100}$ 时,$F_n=2^{2^n}+1$ 的千位数字是 2;当 $n \equiv 17,19,35,47,48,50,60,$

---

① 于晓秋,肖藻. Fermat 数的若干结论[J]. 佳木斯大学学报:自然科学版,2003,21(3):290-292.

② 张四保,罗霞. 有关 Fermat 数的一个性质结论[J]. 沈阳大学学报:自然科学版,2007,19(4):25-26.

③ 管训贵. 关于费马数的若干性质[J]. 佳木斯大学学报:自然科学版,2009,27(5):780-782.

$84,85,86 (\bmod 100)$ 时,$F_n = 2^{2^n}+1$ 的千位数字是 3;当 $n \equiv 9,34,52,61,62,73,78,83,91,96(\bmod 100)$ 时,$F_n = 2^{2^n}+1$ 的千位数字是 4;当 $n \equiv 4,30,45,59,66,68,75,77,80,87(\bmod 100)$ 时,$F_n = 2^{2^n}+1$ 的千位数字是 5;当 $n \equiv 14,16,21,23,31,33,42,58,69,72(\bmod 100)$ 时,$F_n = 2^{2^n}+1$ 的千位数字是 6;当 $n \equiv 0,5,10,15,24,27,37,46,88,99(\bmod 100)$ 时,$F_n = 2^{2^n}+1$ 的千位数字是 7;当 $n \equiv 22,29,36,38,63,71,81,92,93,94(\bmod 100)$ 时,$F_n = 2^{2^n}+1$ 的千位数字是 8;当 $n \equiv 8,20,26,39,44,55,65,67,90,97(\bmod 100)$ 时,$F_n = 2^{2^n}+1$ 的千位数字是 9.

10.1 引 理

引理 1 (中国剩余定理)设 $m_1, m_2, \cdots, m_k$ 是 k 个两两互质的正整数,$m = m_1 m_2 \cdots m_k$,$m = m_i M_i (i = 1, 2, \cdots, k)$,则同余式组

$$\begin{cases} x \equiv b_1 (\bmod m_1) \\ x \equiv b_2 (\bmod m_2) \\ \vdots \\ x \equiv b_k (\bmod m_k) \end{cases}$$

的解是

$$x \equiv M_1 M'_1 b_1 + M_2 M'_2 b_2 + \cdots + M_k M'_k b_k (\bmod k)$$

其中,$M_i M'_i \equiv 1 (\bmod m_i)(i = 1, 2, \cdots, k)$.

详细证明请参考相关文献①.

10.2 定理的证明

当 $n = 0,1,2,3$ 时,有 $F_0 = 3, F_1 = 5, F_2 = 17, F_3 = 257$. 对于以上 4 种情况,均有 $F_n = 2^{2^n}+1 < 1\,000$,故对这 4 种情况不加讨论.只需考虑 $n \geqslant 4$ 的情况.由于 $10\,000 = 16 \times 625$,故当 $n \geqslant 4$ 时,考虑费马数 $F_n = 2^{2^n}+1$ 的千位上的数字的取值情况时,只需考虑 $F_n = 2^{2^n}+1$ 分别取模 16,625 的情况.当 $n \geqslant 4$ 时,$F_n = 2^{2^n}+1$ 取模 16 时有关系式

---

① 单墫.初等数论[M].南京:南京大学出版社,2010.

$$F_n = 2^{2^n} + 1 \equiv 1 \pmod{16} \tag{1}$$

而对于当 $n \geqslant 4$ 时, $F_n = 2^{2^n} + 1$ 取模 625 的情况,必须找到其一个循环周期. 由于 $2^{2^{i+1}} = (2^{2^i})^2$, i 为非负整数,那么在考虑 $F_n = 2^{2^n} + 1$ 取模 625 时,先考虑 2^{2^i} 取模 625,那么 $F_i = 2^{2^i} + 1$ 取模 625 的余数等于 2^{2^i} 取模 625 的余数加 1 即可,即有 $F_{i+1} = 2^{2^{i+1}} + 1 = (2^{2^i})^2 + 1 \equiv y^2 + 1 \pmod{625}$,其中 y 满足 $2^{2^i} \equiv y \pmod{625}$. 据此推理,当 $4 \leqslant n \leqslant 104$ 时, $F_n = 2^{2^n} + 1$ 取模 625 有下面关系.

当 $n \geqslant 4$ 时, $F_n = 2^{2^n} + 1 \equiv 537, 422, 367, 207, 562, 347, 342, 32, 337, 397, 567, 357, 487, 572, 417, 557, 387, 247, 517, 7, 37, 47, 242, 582, 62, 597, 217, 407, 462, 22, 442, 107, 612, 197, 292, 307, 512, 497, 392, 382, 162, 297, 117, 332, 187, 222, 92, 157, 587, 272, 317, 482, 112, 447, 167, 57, 12, 122, 267, 132, 287, 547, 617, 82, 312, 472, 592, 532, 87, 522, 192, 232, 237, 72, 42, 432, 137, 372, 142, 507, 412, 172, 492, 457, 437, 97, 467, 282, 212, 147, 67, 607, 362, 322, 542, 182, 262, 622, 17, 257, 537 \pmod{625} \tag{2}$

从式(2)可知,当 $4 \leqslant n \leqslant 103$ 时,费马数 $F_n = 2^{2^n} + 1$ 取模 625 完成一个周期,从 $n = 104$ 开始,费马数 $F_n = 2^{2^n} + 1$ 取模 625 的情况进入下一个周期. 那么,可将 n 的值分为 100 种情况,即 $n \equiv x \pmod{100}$,其中 $x = 0, 1, \cdots, 99$. 将式(1)中 $F_n = 2^{2^n} + 1$ 取模 16 与式(2)中 $F_n = 2^{2^n} + 1$ 取模 625 的情况构成一次同余式组,利用中国剩余定理解得

$F_n = 2^{2^n} + 1 \equiv 5\,537, 7\,297, 1\,617, 1\,457, 9\,937, 4\,097, 7\,217, 657, 337, 2\,897, 6\,817, 7\,857, 6\,737, 3\,697, 417, 3\,057, 9\,137, 6\,497, 8\,017, 6\,257, 7\,537, 1\,297, 9\,617, 7\,457, 1\,937, 8\,097, 5\,217, 6\,657, 2\,337, 6\,897, 4\,817, 3\,857, 8\,737, 7\,697, 8\,417, 9\,057, 1\,137, 497, 6\,017, 2\,257, 9\,537, 5\,297, 7\,617, 3\,457, 3\,937, 2\,097, 3\,217, 2\,657, 4\,337, 897, 2\,817, 9\,857, 737, 1\,697, 6\,417, 5\,057, 3\,137, 4\,497, 4\,017, 8\,257, 1\,537, 9\,297, 5\,617, 9\,457, 5\,937, 6\,097, 1\,217, 8\,657, 6\,337, 4\,897, 817, 5\,857, 2\,737, 5\,697, 4\,417, 1\,057, 5\,137, 8\,497, 2\,017, 4\,257, 3\,537, 3\,297, 3\,617, 5\,457, 7\,937, 97, 9\,217, 4\,657, 8\,337, 8\,897, 8\,817, 1\,857, 4\,739, 9\,697, 2\,417, 7\,057, 7\,137, 2\,497, 17, 257, 5\,537 \pmod{10\,000} \tag{3}$

从式(2)可得,当 $4 \leqslant n \leqslant 103$ 时,对 n 取模 100 有 $n \equiv x \pmod{100}$,其中 $x = 0, 1, \cdots, 99$. 注意式(2)中 n 取模 100 的情况为 $n \equiv 4, 5, 6, \cdots, 99, 0, 1, 2, 3 \pmod{100}$. 对式(3)进行分析,将式(3)中整数千位数字为 0, 1, 2, 3, 4, 5, 6, 7, 8, 9 分别归类,对照式(2)中 n 取模 100 的情况,可以得到本章结论.

10.3 推　　论

根据本章结论的证明,对于费马数 $F_n = 2^{2^n} + 1$ 的个位、十位、百位数字的取值情况可以作为推论得到.

推论 1　当非负整数 $n \geqslant 2$ 时,费马数 $F_n = 2^{2^n} + 1$ 的个位数字恒为 7.

推论 2　费马数 $F_n = 2^{2^n} + 1$ 的十位数字不可能为 7,且当非负整数 $n \geqslant 2$, $n \equiv 2 \pmod{4}$ 时,费马数 $F_n = 2^{2^n} + 1$ 的十位数字为 1;当 $n \equiv 0 \pmod{4}$ 时,费马数 $F_n = 2^{2^n} + 1$ 的十位数字为 3;当 $n \equiv 3 \pmod{4}$ 时,费马数 $F_n = 2^{2^n} + 1$ 的十位数字为 5;当 $n \equiv 1 \pmod{4}$ 时,费马数 $F_n = 2^{2^n} + 1$ 的十位数字为 9.

证明　由式(3)中的数据可知,费马数 $F_n = 2^{2^n} + 1$ 的十位数字不可能为 7,再将十位数字为 1,3,5,9 分类可得,当 $n \equiv 2,6,10,14,18,22,26,30,34,38,42,46,50,54,58,62,66,70,74,78,82,86,90,94,98 \pmod{100}$ 时,费马数 $F_n = 2^{2^n} + 1$ 的十位数字为 1,根据同余的性质可得,此时 n 满足 $n \equiv 2 \pmod{4}$;当 $n \equiv 0,4,8,12,16,20,24,28,32,36,40,44,48,52,56,60,64,68,72,76,80,84,88,92,96 \pmod{100}$ 时,费马数 $F_n = 2^{2^n} + 1$ 的十位数字为 3,此时 n 满足 $n \equiv 0 \pmod{4}$;当 $n \equiv 3,7,11,15,19,23,27,31,35,39,43,47,51,55,59,63,67,71,75,79,83,87,91,95,99 \pmod{100}$ 时,费马数 $F_n = 2^{2^n} + 1$ 的十位数字为 5,此时 n 满足 $n \equiv 3 \pmod{4}$;当 $n \equiv 1,5,9,13,17,21,25,29,33,37,41,45,49,53,57,61,65,69,73,77,81,85,89,93,97 \pmod{100}$ 时,费马数 $F_n = 2^{2^n} + 1$ 的十位数字为 9,此时 n 满足 $n \equiv 1 \pmod{4}$. 推论证毕.

推论 3　非负整数 $n \geqslant 4$,当 $n \equiv 2,9,19,22,29,39,42,49,59,62,69,79,82,89,99 \pmod{100}$ 时,费马数 $F_n = 2^{2^n} + 1$ 的百位数字为 0;当 $n \equiv 0,20,40,60,80 \pmod{100}$ 时,费马数 $F_n = 2^{2^n} + 1$ 的百位数字为 1;当 $n \equiv 3,5,10,23,25,30,43,45,50,63,65,70,83,85,90 \pmod{100}$ 时,费马数 $F_n = 2^{2^n} + 1$ 的百位数字为 2;当 $n \equiv 12,32,52,72,92 \pmod{100}$ 时,费马数 $F_n = 2^{2^n} + 1$ 的百位数字为 3;当 $n \equiv 1,7,18,21,27,38,41,47,58,61,67,78,81,87,98 \pmod{100}$ 时,费马数 $F_n = 2^{2^n} + 1$ 的百位数字为 4;当 $n \equiv 4,24,44,64,84 \pmod{100}$ 时,费马数 $F_n = 2^{2^n} + 1$ 的百位数字为 5;当 $n \equiv 6,11,17,26,31,37,46,51,57,66,71,77,86,91,97 \pmod{100}$ 时,费马数 $F_n = 2^{2^n} + 1$ 的百位数字为 6;当 $n \equiv 16,36,56,76,96 \pmod{100}$ 时,费马数 $F_n = 2^{2^n} + 1$ 的百位数字为 7;当 $n \equiv 13,14,15,33,34,35,53,54,55,73,74,75,93,94,95 \pmod{100}$ 时,费马数 $F_n = 2^{2^n} + 1$ 的百位

数字为 8;当 $n \equiv 8,28,48,68,88 \pmod{100}$ 时,费马数 $F_n = 2^{2^n} + 1$ 的百位数字为 9.

10.4 结　　语

对于费马数 $F_n = 2^{2^n} + 1$ 万位甚至万位以上位次上数字的取值情况,均可利用中国剩余定理来解决,只需对费马数取模 100 000,1 000 000,… 即可,只不过计算量大点而已.因为要找到费马数取模的一个循环周期,对于这个问题可以采用计算机来解决.

关于费马数的最大素因数

第 11 章

设 m 是非负整数,此时 $2^{2^m}+1$ 称为第 m 个费马数,记作 F_m. 又设 $P(F_m)$ 是 F_m 的最大素因数. 长期以来,$P(F_m)$ 的下界与数学及其应用中的很多重要问题有关. 由于已知 F_m 的素因数 p 都满足

$$p \equiv 1 \pmod{2^{m+1}} \tag{1}$$

所以由此直接可得 $P(F_m) \geqslant 2^{m+1}+1$. ①

1977 年,C. L. Stewart② 运用超越数论方法将上述下界改进为

$$P(F_m) > C \cdot 2^m m \tag{2}$$

其中 C 是可有效计算的常数. 1998 年,乐茂华③ 具体算出:当 $m \geqslant 2^{18}$ 时,(2)中的 $C > 1/16$. 由此可知 $P(F_m) \geqslant 2^{m+1}m+1$. 广东石油化工学院理学院的李中、李伟勋两位教授 2013 年运用初等方法改进了上述结果,即证明了:

定理 当 $m > 2$ 时,$P(F_m) \geqslant 2^{m+2}(m+1)+1$.

证明 根据算术基本定理可知

---

① BIRKHOFF G D, VANDIVER H S. On the integral divisors of $a^n - b^n$[J]. Ann. Math.,1904,5(2):173-180.

② STEWART C L. On divisors of Fermat, Fibonacci, Lucas and Lehmer numbers[J]. Proc. London Math. Soc.,1977,35(3):425-447.

③ LE M H. A note on the greatest prime factor of Fermat numbers[J]. Southeast Asian Bull. Math.,1998,22:41-44.

$$F_m = p_1 p_2 \cdots p_k \qquad (3)$$

其中 $p_1, p_2, \cdots, p_k$ 是适合 $p_1 \leqslant p_2 \leqslant \cdots \leqslant p_k$ 的素数. 此时

$$P(F_m) = p_k \qquad (4)$$

从(1)(3)可知 F_m 的素因数 $p_1, p_2, \cdots, p_k$ 分别可表示成

$$p_i = 2^{m+1} t_i + 1 \quad (i = 1, 2, \cdots, k) \qquad (5)$$

其中 $t_i (i = 1, 2, \cdots, k)$ 都是正整数. 将(5)代入(3)可得

$$F_m = (1 + 2^{m+2} t_1)(1 + 2^{m+1} t_2) \cdots (1 + 2^{m+2} t_k)$$
$$= 1 + 2^{m+1} [(t_1 + t_2 + \cdots + t_k) + 2^{m+2} s] \qquad (6)$$

其中 s 是适当的非负整数. 因为

$$F_m = 1 + 2^{2^m} \qquad (7)$$

所以从(6)可得

$$2^{2^m - m - 1} = (t_1 + t_2 + \cdots + t_k) + 2^{m+1} s \qquad (8)$$

又因为 $m \geqslant 3$, 所以 $2^m - m - 1 \geqslant m + 1$, 故从(8)可知

$$t_1 + t_2 + \cdots + t_k \equiv 0 (\bmod 2^{m+1}) \qquad (9)$$

由于 $t_1, t_2, \cdots, t_k$ 都是正整数, 故由(9)可得

$$t_1 + t_2 + \cdots + t_k \geqslant 2^{m+1} \qquad (10)$$

同时, 从(3)(5)(7)可知

$$2^{2^m} + 1 = F_m \geqslant (2^{m+1} + 1)^k \geqslant 2^{(m+1)k} + 1 \qquad (11)$$

从(11)立得

$$k \leqslant 2^m / (m + 1) \qquad (12)$$

将(12)代入(10)可得

$$2^m t_k / (m + 1) \geqslant k t_k \geqslant t_1 + t_2 + \cdots + t_k \geqslant 2^{m+1}$$

由此可知 $t_k \geqslant 2(m + 1)$. 于是从(4)和(5)立得

$$P(F_m) \geqslant 2^{m+2}(m + 1) + 1$$

定理证完.

费马数的 Smarandache 函数值的下界

第 12 章

12.1 引　言

设 $\mathbf{N}^*$ 是全体正整数的集合. 对于正整数 m, 设

$$S(m) = \min\{t \mid m \mid t!, t \in \mathbf{N}^*\} \quad (1)$$

称为 m 的 Smarandache 函数. 近几年来, 人们对于此类数论函数及其推广形式的性质进行了广泛的研究[1][2][3][4][5][6][7]. 中国人民解放军空军工程大学理学院刘妙华、西藏民族大学教育学院金英姬两位教授 2015 年讨论了费马数的 Smarandache 函数的下界.

对于正整数 n, 设 $F_n = 2^{2^n} + 1$ 是第 n 个费马数. 对此, Wang[8] 证明了: 当 $n \geqslant 3$ 时, $S(F_n) \geqslant 8 \cdot 2^n + 1$. 2010 年, 朱敏

---

[1] 张文鹏. 初等数论[M]. 西安: 陕西师范大学出版社, 2007.

[2] 徐哲峰. Smarandache 幂函数的均值[J]. 数学学报, 2006, 49(1): 77-80.

[3] 徐哲峰. Smarandache 函数的值分布性质[J]. 数学学报, 2006, 49(5): 1 009-1 012.

[4] 李洁. 一个包含 Smarandache 原函数的方程[J]. 数学学报, 2007, 50(2): 333-336.

[5] 马金萍, 刘宝利. 一个包含 Smarandache 函数的方程[J]. 数学学报, 2007, 50(5): 1 185-1 190.

[6] 朱伟义. 一个包含 F. Smarandache LCM 函数的猜想[J]. 数学学报, 2008, 51(5): 955-958.

[7] 贺艳峰, 潘晓玮. 一个包含 F. Smarandache LCM 函数的方程[J]. 数学学报, 2008, 51(4): 779-786.

[8] WANG J R. On the Smarandache function and the Fermat number [J]. Scientia Magna, 2008, 4(2): 25-28.

慧[1]进一步证明了：当 $n \geqslant 3$ 时，$S(F_n) \geqslant 12 \cdot 2^n + 1$. 本章运用初等方法对 $S(F_n)$ 的下界给出了本质上的改进，即证明了：

定理 当 $n \geqslant 4$ 时
$$S(F_n) \geqslant 4(4n+9) \cdot 2^n + 1 \tag{2}$$

12.2 若干引理

引理 1 如果实数 x 和 y 适合 $3 \leqslant x < y$，那么必有
$$\frac{\log(y+1)}{\log(x+1)} < \frac{\log y}{\log x} \tag{3}$$

证明 对于实数 x，设
$$f(z) = \frac{\log(z+1)}{\log z} \tag{4}$$

由于当 $z \geqslant 3$ 时，$f(z)$ 连续可导，而且由(4)可知
$$f'(z) = \frac{z\log z - (z+1)\log(z+1)}{z(z+1)(\log z)^2} < 0, z \geqslant 3 \tag{5}$$

所以根据函数单调性的判别条件(见《数学分析简明教程（上册）》[2]的定理 5.9)，从(5)可知 $f(z)$ 在 $z \geqslant 3$ 时是单调递减的. 因此，当 $3 \leqslant x < y$ 时，必有
$$\frac{\log(y+1)}{\log y} < \frac{\log(x+1)}{\log x} \tag{6}$$

从(6)可知此时(3)成立. 引理证完.

引理 2 费马数 F_n 的素因数 p 都满足 $p \equiv 1 \pmod{2^{n+2}}$.

证明 参见《快速数论变换》[3]的定理 3.7.2.

另外，以下有关 Smarandache 函数的 3 个引理的证明可参见 *History of the Smarandache function*.[4]

引理 3 如果 $m = p_1^{r_1} \cdots p_k^{r_k}$ 是正整数 m 的标准分解式，那么
$$S(m) = \max\{S(p_1^{r_1}), \cdots, S(p_k^{r_k})\}$$

引理 4 对于素数 p 必有 $S(p) = p$.

---

[1] 朱敏慧. 关于 Smarandache 函数与费尔马数[J]. 西北大学学报：自然科学版，2010,40(4):583-585.

[2] 邓东皋，尹小玲. 数学分析简明教程：上册[M]. 北京：高等教育出版社，1999.

[3] 孙琦，郑德勋，沈仲琦. 快速数论变换[M]. 北京：科学出版社，1980.

[4] BALACENOIU I, SELEACU V. History of the Smarandache function [J]. Smrandache Notions J.，1999,10(1):192-201.

引理 5 如果 x 和 $y(x<y)$ 是正整数,那么对于素数 p 必有 $S(p^x) \leqslant S(p^y)$.

12.3 定理的证明

首先讨论费马数 F_n 的最大素因数的下界. 设 n 是大于或等于 4 的正整数, 又设
$$F_n = p_1^{r_1} \cdots p_k^{r_k} \tag{7}$$
是 F_n 的标准分解式, 其中 $p_1, \cdots, p_k$ 是适合
$$p_1 < \cdots < p_k \tag{8}$$
的奇素数, $r_1, \cdots, r_k$ 是正整数. 因为由引理 2 可知
$$p_i \equiv 1 (\bmod 2^{n+2}) \quad (i=1,\cdots,k)$$
故有
$$p_i = 2^{n+2} s_i + 1 \quad (s_i \in \mathbf{N}, i=1,\cdots,k) \tag{9}$$
而且从 (8) 和 (9) 可知
$$s_1 < \cdots < s_k \tag{10}$$
从 (7) 和 (9) 可知
$$F_n = 2^{2^n} + 1 \geqslant (2^{n+2}+1)^{r_1+\cdots+r_k} \tag{11}$$
从 (11) 可得
$$r_1 + \cdots + r_k \leqslant \frac{\log (2^{2^n}+1)}{\log (2^{n+2}+1)} \tag{12}$$
由于当 $n \geqslant 4$ 时, $2^{2^n} > 2^{n+2} > 3$, 所以根据引理 1 可知
$$\frac{\log (2^{2^n}+1)}{\log (2^{n+2}+1)} < \frac{\log 2^{2^n}}{\log 2^{n+2}}$$
故从 (12) 可得
$$r_1 + \cdots + r_k \leqslant \frac{2^n}{n+2} \tag{13}$$
另外,从 (9) 可知
$$p_i^{r_i} \equiv (2^{n+2} s_i + 1)^{r_i} = 2^{n+2} s_i r_i + 1 (\bmod 2^{2n+4}) \quad (i=1,\cdots,k) \tag{14}$$
因为当 $n \geqslant 4$ 时, 必有 $2^n > 2n+4$, 所以从 (7) 和 (14) 可得
$$1 \equiv 2^{2^n} + 1 \equiv F_n \equiv \prod_{i=1}^{k}(2^{n+2} s_i r_i + 1) \equiv 1 + 2^{n+2} \sum_{i=1}^{k} s_i r_i (\bmod 2^{2n+4}) \tag{15}$$

从 (15) 立得

$$\sum_{i=1}^{k} s_i r_i \equiv 0 \pmod{2^{n+2}} \tag{16}$$

由于同余关系(16)的左边是正整数,故从(16)可知

$$\sum_{i=1}^{k} s_i r_i \geqslant 2^{n+2} \tag{17}$$

又从(10)和(17)可得

$$s_k \sum_{i=1}^{k} r_i \geqslant 2^{n+2} \tag{18}$$

结合(13)和(18)可知

$$s_k > \frac{2^{n+2}(n+2)}{2^n} = 4n+8 \tag{19}$$

因为s_k是正整数,所以从(19)可得$s_k \geqslant 4n+9$.于是,从(8)(9)(19)可知F_n的最大素因数p_k满足

$$p_k = 2^{n+2} s_k + 1 \geqslant 2^{n+2}(4n+9)+1 \tag{20}$$

最后证明下界(2)的正确性.根据引理3,从F_n的标准分解式(7)可知

$$S(F_n) = \max\{S(p_1^{r_1}), \cdots, S(p_k^{r_k})\} \tag{21}$$

又从引理4和5可知

$$S(p_i^{r_i}) \geqslant S(p_i) = p_i \quad (i=1,\cdots,k) \tag{22}$$

因此,从(8)(21)(22)可得

$$S(F_n) \geqslant \max\{S(p_1),\cdots,S(p_k)\} = \max\{p_1,\cdots,p_k\} = p_k \tag{23}$$

于是,从(20)和(23)立得(2).定理证完.

费马数和一类极大周期序列的 2-adic 复杂度

第 13 章

西安建筑科技大学理学院的王艳、李顺波、赵松、薛改娜 4 位教授 2018 年发现了费马数和由单圈 T 函数生成的极大周期序列的关系,利用费马数的素性理论研究了单圈 T 函数生成的第 k 位序列,按状态输出序列的 2-adic 复杂度取值和界. 结果表明,单圈 T 函数序列生成的这 2 种序列不能形成 l 序列.

法国数学家费马于 1640 年提出了形如 $F_n = 2^{2^n} + 1$ 的数(后人称费马数)为素数的猜想,但欧拉于 1732 年在研究该问题时发现 F_5 为合数,此后关于费马数的研究持续了几个世纪. 费马数在二进制计算机算法、二元序列的复杂度等研究中都有重要应用.

Lenstra 等人[1][2]利用费马数的素性和分解问题给出了一类由单圈 T 函数生成的极大周期序列,即第 k 位序列的 2-adic 复杂度,给出了该类序列由带进位的反馈移位寄存器(feedback with carry shift register,FCSR)的生成级数,并由此研究了单圈 T 函数按状态输出序列的 2-adic 复杂度,给出了其 2-adic 复杂度的估计.

---

[1] LENSTRA A K, LENSTRA H W, MANASSE M S, Jr., et al. The factorization of the ninth Fermat number [J]. Mathematics of Computation, 1993, 61(203):319-349.

[2] BRENT R P. Factorization of the tenth and eleventh Fermat numbers[J]. Mathematics of Computation, 2000, 68(154):627-630.

13.1 预备知识

1. 费马数

定义 1 称形如 $2^{2^n}+1(n=0,1,2,\cdots)$ 的数为费马数,记作 F_n.
对费马数的因子分解问题,有如下结论①:

ⅰ. $F_0 \sim F_4$ 为素数.

ⅱ. $F_5 \sim F_{11}$ 为合数,且人们对这些费马数已全部找到了素因子分解.

ⅲ. 对 $F_{12}, F_{13}, F_{15}, F_{16}, F_{17}, F_{18}, F_{19}, F_{21}, F_{23}$ 已经找到部分因子.

ⅳ. 对 $F_{14}, F_{20}, F_{22}, F_{24}$ 已证明为合数,但未找到因子.

ⅴ. $F_0 F_1 F_2 F_3 \cdots F_n = F_{n+1} - 2$.

ⅵ. 任意 2 个费马数 $F_m, F_n (m \neq n)$ 互素,即
$$(F_m, F_n) = 1$$

引理 1① 若 $2^m + 1$ 是素数,则 $m = 2^n$;反之不真.

引理 2① 当 $n \geqslant 2$ 时,F_n 的素因数必为形式
$$p = 2^{n+2}h + 1 \quad (h \in \mathbf{N}^*)$$

引理 3① 费马合数除 641 外,没有其他小于 10^6 的因子.

引理 4① 形如 $4t+3(t \geqslant 1)$ 的素数均不为费马数的因子.

2. 序列的 2-adic 复杂度

考虑到线性移位寄存器容易被攻击的问题,Klapper 等人②③提出了 FCSR. 一个 FCSR 由 r 个系数 $q_1, q_2, \cdots, q_r (q_i \in \{0,1\}, i=1,2,\cdots,r)$,以及一个初始存储整数 m_{r-1}(可为任意整数)确定. 其结构如图 1 所示.

记 FCSR 的任一个状态为 $(a_{n-1}, a_{n-2}, \cdots, a_{n-r}), a_i \in \{0,1\}$,存储整数为 m_{n-1},则移位寄存器的运算为:

A1:计算 $\delta_n = \sum_{k=1}^{r} q_k a_{n-k} + m_{n-1}$.

---

① 贾耿华. 关于费马数的研究[D]. 成都:成都理工大学, 2006.
② KLAPPER A, GORESKY M. 2-adic shift registers[C]//Fast Software Encryption. Leuven:Springer, 1994:174-178.
③ KLAPPER A, GORESKY M. Feedback shift registers, 2-adic span, and combiners with memory[J]. Journal of Cryptology, 1997, 10(2):111-147.

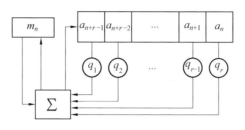

图 1　r 级 FCSR 结构

A_2：右移一位，输出寄存器最右端的 a_{n-r}.

A_3：令 $a_n \equiv \delta_n (\mod 2)$，将其放入寄存器的最左端.

A_4：令 $m_n = (\delta_n - a_n)/2 = \lfloor \delta_n/2 \rfloor$.

引理 5　设 $\underline{x}$ 为最终周期序列，则 $\alpha = \sum\limits_{i=0}^{\infty} x_i 2^i$ 是 2 个整数的商 p/q，其中 q 为生成 $\underline{x}$ 的 FCSR 的连接整数. 进而 $\underline{x}$ 是严格周期序列，当且仅当 $0 \leqslant \alpha \leqslant 1$.

这说明每一个最终周期序列都可以由一个 FCSR 产生. 反过来，下面的结果说明所有由 FCSR 生成的序列也都是最终周期的.

引理 6[1]　设序列 $\underline{x}$ 由 FCSR 生成，q 为 $\underline{x}$ 的连接整数，则 $\underline{x}$ 为最终周期序列，且存在整数 p 使得

$$\alpha = \sum\limits_{i=0}^{\infty} x_i 2^i = p/q$$

设 $\underline{x}$ 为最终周期序列，q 为生成 $\underline{x}$ 的 FCSR 的连接整数，则称 q 为 $\underline{x}$ 的一个连接整数. 称 $\underline{x}$ 的连接整数中最小的那个为 $\underline{x}$ 的极小连接整数.

下面的结果给出连接整数满足的性质：

引理 7[1]　设 $\underline{x}$ 为严格周期二元序列，q 为 $\underline{x}$ 的极小连接整数，则 q' 为 $\underline{x}$ 的一个连接整数当且仅当 q' 可被 q 整除.

引理 8[1]　设 $\underline{x}$ 为严格周期序列，T 为 $\underline{x}$ 的周期，则 $\underline{x}$ 的极小连接整数 q 满足 $q \leqslant 2^T - 1$.

FCSR 序列的周期完全由其极小连接整数确定. 类似于线性复杂度，2－adic 复杂度衡量一个周期序列需要用多大的 FCSR 来生成. 2－adic 复杂度的定义如下.

定义 2[1]　设 $\underline{x}$ 为严格周期序列，$\sum\limits_{i=0}^{\infty} x_i 2^i = p/q$，其中 $\gcd(p,q) = 1$，称 $\varphi_2(\underline{x}) = \text{lb}(\Phi(p,q))$ 为 $\underline{x}$ 的 2－adic 复杂度，其中 $\Phi(p,q) = \max(|p|,|q|)$.

---

[1] TIAN Tian, QI Wenfeng. 2 — adic complexity of binary m-sequences[J]. IEEE Transactions on Information Theory, 2010, 56(1): 450-454.

2-adic 复杂度度量一个二元序列由 FCSR 生成的难度,它与线性复杂度没有必然的联系,即具有高线性复杂度的序列,其 2-adic 复杂度可能会很低,反之亦然. Klapper 提出了有理逼近算法,即对一条固定序列,只要已知其约 2 倍 2-adic 复杂度比特,就能唯一确定原序列. 这就要求密钥序列必须具有较高的 2-adic 复杂度,才能有效抵抗有理逼近攻击.

引理 9[1] 设 $\underline{x}$ 为严格周期二元序列,极小连接数为 q,则 $\underline{x}$ 的 2-adic 复杂度为 $\varphi_2(\underline{x}) = \mathrm{lb}\, q$.

3. 单圈 T 函数及其生成序列

记 $\mathbf{F}_2$ 为二元域, $\mathbf{F}_2^n$ 为 $\mathbf{F}_2$ 上的 n 维向量空间,其中 n 为正整数,称 $\mathbf{x} = (x_0, x_1, \cdots, x_{n-1}) \in \mathbf{F}_2^n$ 为一个 n 长单字. 在剩余类环 $\mathbf{Z}/(2^n)$ 中, x 可被表示成 $\sum_{j=0}^{n-1} x_j 2^j$. 称 $\underline{\mathbf{x}} = (\mathbf{x}_0, \cdots, \mathbf{x}_{m-1})^{\mathrm{T}} \in \mathbf{F}_2^{m \times n}$ 为一个多字,其中每一个 $\mathbf{x}_i (i = 0, 1, \cdots, m-1)$ 为 n 长单字,显然,多字 $\underline{\mathbf{x}}$ 也可被看作一个 $m \times n$ 矩阵.

定义 3[2][3][4][5] 设映射 $f : \mathbf{F}_2^{m \times n} \to \mathbf{F}_2^{l \times n}$ 为 $f(\underline{\mathbf{x}}) = \underline{\mathbf{x}}$, 其中 $\underline{\mathbf{x}}$ 和 $\underline{\mathbf{y}}$ 是多字. 若输出 $\underline{\mathbf{y}}$ 的第 i 列只与输入 $\underline{\mathbf{x}}$ 的第 $0, 1, \cdots, i (0 \leqslant i < n)$ 列有关,则称 f 为一个 T 函数. 当 $m = l = 1$ 时,称 f 为一个单字 T 函数;反之称其为多字 T 函数. 注意,后面出现的 T 函数均指单字 T 函数,其相应性质都可推广到多字 T 函数中.

设 $\mathbf{x}_0$ 为初始状态, T 函数 $f : \mathbf{F}_2^n \to \mathbf{F}_2^n$ 为状态转移函数,即 $f(\mathbf{x}_i) = \mathbf{x}_{i+1}$, 于是可得 f 的状态序列 $\{\mathbf{x}_i\}_{i=0}^{\infty}$. 若序列 $\{\mathbf{x}_i\}_{i=0}^{\infty}$ 的极小周期为 $N = 2^n$,则称 f 是单圈的.

定义 "+" 为域上的加法, "⊕" 为模 2 的加法. 称由 $\mathbf{x}_i$ 的第 k 位形成的序列

---

[1] TIAN Tian, QI Wenfeng. 2-adic complexity of binary m-sequences[J]. IEEE Transactions on Information Theory, 2010, 56(1): 450-454.

[2] KLIMOV A, SHAMIR A. A new class of invertible mappings[C]//CHES 2002. London: Springer, 2003: 470-483.

[3] KLIMOV A, SHAMIR A. Cryptographic applications of T-functions[C]//SAC 2003. Ottawa: Springer, 2003: 248-261.

[4] KLIMOV A, SHAMIR A. New cryptographic primitives based on multiword T functions[C]//FSE 2004. Delhi: Springer, 2004: 1-15.

[5] KLIMOV A. Applications of T-functions in cryptography [D]. Rehovot: Weizmann Institute of Science, 2005.

$\{x_{i,k}\}_{i=0}^{2^n-1}$ ($0 \leqslant k < n$) 为 $\pmb{x}_i$ 的第 k 位序列,记为 $\underline{x}_k$. 由相关文献①②知,$\underline{x}_k$ 的周期为 $N_k = 2^{k+1}$,且

$$x_{i+N_k/2,k} = x_{i,k} \oplus 1 \tag{1}$$

T 函数 $f(x)$ 也可被表示为向量布尔函数,即 $\pmb{f}(x) = (f_0(x), f_1(x), \cdots, f_{n-1}(x))$,其中每一个分量函数 $f_k(x)$ ($0 \leqslant k < n$) 称为第 k 位布尔函数,其取值只与 x 的前 k 位有关①. 据定义 3 可知,第 k 位序列即为第 k 位分量布尔函数的输出序列.

13.2 单圈 T 函数序列的 2-adic 复杂度

引理 10 设 $f: \pmb{F}_2^n \to \pmb{F}_2^n$ 为单圈 T 函数,其状态序列 $\{\pmb{x}_i\}_{i \geqslant 0}$ 的第 k 位序列 $\{x_{i,k}\}_{i=0}^{2^n-1}$ ($0 \leqslant k < n$) 的极小连接整数 q 满足 $q \leqslant 2^{2^{k+1}} - 1$.

该结果可由引理 9 获得.

定理 1 设 $f: \pmb{F}_2^n \to \pmb{F}_2^n$ 为单圈 T 函数,其状态序列 $\{\pmb{x}_i\}_{i \geqslant 0}$ 的第 k 位序列 $s_k \triangleq \{x_{i,k}\}_{i=0}^{2^n-1}$ ($0 \leqslant k < n$) 的 2-adic 复杂度 $\varphi_2(s_k)$ 满足:

i. 当 $k = 0, 1, 2, 3, 4$ 时,$\varphi_2(s_k) = \text{lb } F_k$,其中 F_k 为第 k 个费马数.

ii. 当 $k \geqslant 5$ 时,若 $F_k = p_1 p_2 \cdots p_t$,记 s_k 的后 $\dfrac{1}{2}$ 序列对应的十进制数 $\sum_{i=2^{n-1}}^{2^n-1} x_{i,k} \, 2^{i-2^{n-1}}$ 的因子集合为 P,并记 $P \cap \{p_1, p_2, \cdots, p_t\} = \{p_{j_1}, p_{j_2}, \cdots, p_{j_u}\}$,则 $\varphi_2(s_k) = \text{lb } \dfrac{F_k}{p_{j_1} p_{j_2} \cdots p_{j_u}}$.

证明 根据 2-adic 复杂度的定义,需讨论

$$\sum_{i=0}^{\infty} x_i 2^i = \frac{\sum_{i=0}^{T-1} x_i 2^i}{1 - 2^T} = -\frac{\sum_{i=0}^{2^{k+1}-1} x_i 2^i}{2^{2^{k+1}} - 1} = -\frac{\sum_{i=0}^{2^{k+1}-1} x_i 2^i}{(2^{2^k} - 1)(2^{2^k} + 1)} \tag{2}$$

由单圈 T 函数的性质,式(2)中分子可表示为

$$\sum_{i=0}^{2^{k+1}-1} x_i 2^i = \sum_{i=1}^{2^k-1}(x_{i,k} 2^i + x_{i+2^k,k} 2^{i+2^k}) = \sum_{i=1}^{2^k-1}[x_{i,k} 2^i + (x_{i,k} \oplus 1) 2^{i+2^k}] \tag{3}$$

---

① KOLOKOTRONIS N. Cryptographic properties of nonlinear pseudorandom number generators[J]. Designs, Codes and Cryptography, 2008, 46(3): 353-363.

② WANG Yan, HU Yupu, LI Shunbo, et al. Linear complexity of sequences produced by single cycle T-function[J]. The Journal of China Universities of Posts and Telecommunications, 2011, 18(4): 123-128.

考虑到 $\{x_i, x_i \oplus 1\} = \{0, 1\}$，记 $S = \{i \mid x_{i+2^k, k} = 1, 0 \leqslant i \leqslant 2^k - 1\}$，$|S| = m$，则 S 也可简记为 $\{i_1, i_2, \cdots, i_m\}$，其中 $i_1 < i_2 < \cdots < i_m$，于是式(3)可表示为

$$\sum_{i=1}^{2^k-1} [x_{i,k} 2^i + (x_{i,k} \oplus 1) 2^{i+2^k}] =$$
$$\sum_{i=1}^{2^k-1} (1 \cdot 2^i) + \sum_{i=1, i \in S}^{2^k-1} x_{i,k} (2^{i+2^k} - 2^i) =$$
$$(2^{2^k} - 1) + (2^{2^k} - 1)(2^{i_1} + 2^{i_2} + \cdots + 2^{i_m}) =$$
$$(2^{2^k} - 1)(1 + 2^{i_1} + 2^{i_2} + \cdots + 2^{i_m})$$

因而式(1)成为

$$\frac{1 + 2^{i_1} + 2^{i_2} + \cdots + 2^{i_m}}{2^{2^k} + 1} \tag{4}$$

而式(4)的分母恰好为第 k 个费马数，记作 F_k。由相关文献[1][2][3]可知，前 5 个费马数 $F_0 = 3, F_1 = 5, F_2 = 17, F_3 = 257, F_4 = 65\,537$ 均为素数，由引理 10 知 $\varphi_2(s_k) = \text{lb}\, F_k$。

当 $k \geqslant 5$ 时，由相关文献[1][2]可知，在目前可计算范围内 F_k 为合数，且皆为一次因子，记 $F_k = p_1 p_2 \cdots p_t$，则问题转化为求式(4)的最简分数。记 s_k 的后 $\dfrac{1}{2}$ 序列对应的十进制数 $\sum_{i=2^{n-1}}^{2^n-1} x_{i,k} 2^{i-2^{n-1}}$ 的因子集合为 P，并记 $P \cap \{p_1, p_2, \cdots, p_t\} = \{p_{j_1}, p_{j_2}, \cdots, p_{j_u}\}$，则式(4)的最简分数为

$$\frac{\dfrac{1 + 2^{i_1} + 2^{i_2} + \cdots + 2^{i_m}}{p_{j_1} p_{j_2} \cdots p_{j_u}}}{\dfrac{F_k}{p_{j_1} p_{j_2} \cdots p_{j_u}}}$$

因而 $\varphi_2(s_k) = \text{lb}\, \dfrac{F_k}{p_{j_1} p_{j_2} \cdots p_{j_u}}$。特别地，$s_k$ 的后 $\dfrac{1}{2}$ 序列对应的十进制数 $\sum_{i=2^{n-1}}^{2^n-1} x_{i,k} \cdot 2^{i-2^{n-1}}$ 恰为 F_k 的某个因子 p_i 时，$\varphi_2(s_k) = \text{lb}\, \dfrac{F_k}{p_i}$。

推论 1 设 $f: \mathbf{F}_2^n \to \mathbf{F}_2^n$ 为单圈 T 函数，其状态序列 $\{x_i\}_{i \geqslant 0}$ 的第 k 位序列为 $s_k \triangleq \{x_{i,k}\}_{i=0}^{2^n-1} (2 \leqslant k < n)$，则当式(4)中 $1 + 2^{i_1} + 2^{i_2} + \cdots + 2^{i_m} \neq 2^{n+2} h +$

---

[1] LENSTRA A K, LENSTRA H W, MANASSE M S, et al. The factorization of the ninth Fermat number [J]. Mathematics of Computation, 1993, 61(203): 319-349.

[2] BRENT R P. Factorization of the tenth and eleventh Fermat numbers[J]. Mathematics of Computation, 2000, 68(154): 627-630.

[3] 贾耿华. 关于费马数的研究[D]. 成都: 成都理工大学, 2006.

$1(h \in \mathbf{N})$ 时，$\phi_2(s_k) = \text{lb } F_k$.

证明 由引理 2 可知，当 $n \geq 2$ 时，F_n 的素因数必为形式 $p = 2^{n+2}h + 1$ $(h \in \mathbf{N})$，于是对满足
$$1 + 2^{i_1} + 2^{i_2} + \cdots + 2^{i_m} \neq 2^{n+2}h + 1$$
的单圈 T 函数 k 位序列，式(4)为既约分式，故 $\phi_2(S_k) = \text{lb } F_k$.

推论 2 设 $f: \boldsymbol{F}_2^n \to \boldsymbol{F}_2^n$ 为单圈 T 函数，其状态序列 $\{\boldsymbol{x}_i\}_{i \geq 0}$ 的第 k 位序列为 $s_k \triangleq \{x_{i,k}\}_{i=0}^{2^n-1} (6 \leq k < n)$，则当 $\max_{i_j \in S} i_j = i_m \leq 19$ 时，$\phi_2(s_k) = \text{lb } F_k$.

证明 由引理 3 可知，当 $i_m < \text{lb } 10^6 \approx 19.93$ 时，式(4)分母的因子都大于 10^6. 此时式(4)的分子 $1 + 2^{i_1} + 2^{i_2} + \cdots + 2^{i_m} \leq 10^6$. 于是式(4)为既约分式，故 $\phi_2(s_k) = \text{lb } F_k$.

推论 3 设 $f: \boldsymbol{F}_2^n \to \boldsymbol{F}_2^n$ 为单圈 T 函数，其状态序列 $\{\boldsymbol{x}_i\}_{i \geq 0}$ 的第 k 位序列为 $s_k \triangleq \{x_{i,k}\}_{i=0}^{2^n-1} (6 \leq k < n)$，则当式(4)中 $1 + 2^{i_1} + 2^{i_2} + \cdots + 2^{i_m}$ 为二进制形如 $\cdots 11_2$ 的素数时，$\phi_2(s_k) = \text{lb } F_k$.

证明 由引理 4 可知，形如 $4t+3(t \geq 1)$ 的素数，即二进制形如 $\cdots 11_2$ 的素数均不是费马数的因子. 因而式(4)为既约分式，故 $\phi_2(s_k) = \text{lb } F_k$.

进一步，对单圈 T 函数的第 k 位序列，有定理 2.

定理 2 设 $f: \boldsymbol{F}_2^n \to \boldsymbol{F}_2^n$ 为单圈 T 函数，其状态序列 $\{\boldsymbol{x}_i\}_{i \geq 0}$ 的第 k 位序列 $s_k (0 \leq k < n)$ 的周期为 T，则 $\phi_2(s_k) < T \leq \varphi(q) < 2^{T/2} (k = 0, 1, 2, \cdots, 13)$，其中 q 为 s_k 的极小连接整数，$\varphi(q)$ 为 q 的欧拉函数值.

证明

ⅰ. 由定理 1 可知
$$\phi_2(s_k) \leq \text{lb}(2^{2^k} + 1) < \text{lb } 2^{2^k} \quad (2^{2^k} = 2^{k+1} = T)$$

ⅱ. 当 $k = 0, 1, 2, 3, 4$ 时，$2^{2^k} + 1$ 为素数
$$\varphi(q) = \varphi(2^{2^k} + 1) = 2^{2^k} \geq 2^{k+1} = T \tag{5}$$
式(5)中等号成立，当且仅当 $k = 0, 1$.

当 $5 \leq k \leq 13$ 时，由 F_k 的分解式可知，所有的 $\varphi(q) > 2^{k+1} = T$.

ⅲ. 由定理 1 的证明知，序列 s_k 的极小连接整数 $q \leq 1 + 2^{2^k} = 1 + 2^{T/2}$；同时，$\varphi(q) \leq q - 1$ 对所有整数 q 都成立. 因而 $\varphi(q) < 2^{T/2}$.

对于单圈 T 函数的按状态输出序列，其周期较大，相应的 2-adic 复杂度由定理 3 给出.

定理 3 设 $f: \boldsymbol{F}_2^n \to \boldsymbol{F}_2^n$ 为单圈 T 函数，其状态序列为 S，则 S 具有最大 2-adic 复杂度 $\text{lb}(2^{n \cdot 2^{n-1}} + 1)$.

证明 记按状态输出序列为
$$S = \{x_{i,k}\}_{0 \leq i \leq 2^n-1, 0 \leq k \leq n-1} \triangleq \{s_j\}_{0 \leq j \leq n \cdot 2^n - 1}$$

考查

$$\sum_{i=0}^{\infty} x_i 2^i = \frac{\sum_{i=0}^{T-1} x_i 2^i}{1-2^T} = \frac{\sum_{i=0}^{n-1}\sum_{j=0}^{2^n-1} x_{i,j} 2^{j+i \cdot 2^n}}{1-2^T} \quad (6)$$

根据单圈 T 函数生成序列的性质,若 $x_{i,j}=1$,式(6)的分子前半部分的和为

$$\sum_{i=0}^{n-1}\sum_{j=0}^{2^{n-1}-1} 1 \times 2^{j+i \cdot 2^n} = 2^{n \cdot 2^{n-1}} - 1$$

记 S 的后半部分序列中非 0 位置的下标为 $t_1, t_2, \cdots, t_u$,则式(6)的分子后半部分的和为 $(2^{n \cdot 2^{n-1}} - 1)(2^{t_1} + 2^{t_2} + \cdots + 2^{t_u})$,故式(6)的分子等于 $(2^{n \cdot 2^{n-1}} - 1) \cdot (1 + 2^{t_1} + 2^{t_2} + \cdots + 2^{t_u})$,式(6)可约分为

$$\frac{1 + 2^{t_1} + 2^{t_2} + \cdots + 2^{t_u}}{1 + 2^{n \cdot 2^{n-1}}}$$

因而 S 的最大 2-adic 复杂度为 $\mathrm{lb}(2^{n \cdot 2^{n-1}} + 1)$.

S 的 2-adic 复杂度 $\phi_2(S)$ 依赖于数 $2^{n \cdot 2^{n-1}} + 1$ 的分解,当 $n = 2^m$ 时,这依然是费马数的分解问题;当 $n \neq 2^m$ 且较大时,这对应大整数分解问题.

推论 4 设 $f: \mathbf{F}_2^n \to \mathbf{F}_2^n$ 为单圈 T 函数,其状态序列 $S \triangleq \{\mathbf{x}_i\}_{i=0}$ 的周期为 T,则 S 的最大 2-adic 复杂度 $\max \phi_2(S)$ 满足

$$\frac{T}{2} < \max \phi_2(S) < \frac{T}{2} + 1$$

证明 由

$$\max \phi_2(S) = \mathrm{lb}(2^{n \cdot 2^{n-1}} + 1) > \mathrm{lb}\, 2^{n \cdot 2^{n-1}} = \frac{T}{2}$$

$$\mathrm{lb}(2^{n \cdot 2^{n-1}} + 1) < \mathrm{lb}\, 2 \times 2^{n \cdot 2^{n-1}} = \frac{T}{2} + 1$$

可得.

对单圈 T 函数的按状态输出序列,引理 8 的结果可改进为推论 5.

推论 5 设 $f: \mathbf{F}_2^n \to \mathbf{F}_2^n$ 为单圈 T 函数,其状态序列 $S = \{\mathbf{x}_i\}_{i \geqslant 0}$ 的周期为 T,q 为 S 的极小连接整数,则 $\varphi(q) < 2^{T/2}$.

证明 一方面,由定理 3 可知,序列 S 的最大连接整数 $q \leqslant 1 + 2^{n \cdot 2^{n-1}} = 1 + 2^{T/2}$;另一方面,$\varphi(q) \leqslant q - 1$ 对所有整数 q 都成立. 因此 $\varphi(q) < 2^{T/2}$.

推论 6 设 $f: \mathbf{F}_2^n \to \mathbf{F}_2^n$ 为单圈 T 函数,其状态序列 $S = \{\mathbf{x}_i\}_{i \geqslant 0}$ 的周期为 T,q 为 S 的极小连接整数,则不等式

$$T < \varphi(q)$$

在域 $\mathbf{F}_2^1, \mathbf{F}_2^2, \mathbf{F}_2^4, \mathbf{F}_2^5, \mathbf{F}_2^6, \mathbf{F}_2^7, \mathbf{F}_2^8, \mathbf{F}_2^{16}, \mathbf{F}_2^{32}$ 中成立.

对 $f: \mathbf{F}_2^n \to \mathbf{F}_2^n (n = 1, 2, 4, 5, 6, 7, 8, 16, 32)$,可以通过计算 T 和 $\min\{\varphi(q_i)\}$ (q_i 为 $2^{n \cdot 2^{n-1}} + 1$ 的素因子) 的值比较得到 $T < \varphi(q)$.

在分组密码高级加密标准(advanced encryption standard,AES)中,密钥在 F_2^7,F_2^8 中取得,流密码 SOBER,LEVIARHAN 等中,密钥在 F_2^{16},F_2^{32} 中取得,而推论 6 表明,单圈 T 函数状态序列在这些域中不是 l 序列.

第 3 编
广义费马数及其应用

第14章 搜寻广义费马素数

14.1 引 言

众所周知,大素数在现代密码学中具有十分重要的作用①,而在对数字信号处理起重要作用的快速傅里叶(Fourier)变换中,费马数又占有特殊地位.因此,如果能发现新的费马素数或具有类似特性的大素数,其重要意义是显而易见的,实际上,费马关于 $F_m = 2^{2^m} + 1$ 全部是素数的猜想无疑是数学史上最有趣的话题之一:尽管对于 $0 \leqslant m \leqslant 4$, F_m 都是素数,可是至今没有发现新的费马素数.近年来,人们利用高速计算机搜寻费马数的因子,对于一大批 F_m 得出了小因子,其中最大的是②:$(5 \cdot 2^{23\,473} + 1) \mid F_{23\,471}$,从而轻而易举地证明了这些 F_m 是合数.反之,对于那些没有发现小因子的 F_m,虽然有臻于至善的 Pepin 检验来进行素性判别,但是直到 1993 年才证明 F_{22} 是合数③.

---

① 刘尊全.计算机病毒防范与信息对抗技术[M].北京:清华大学出版社,1991.
② LENSTRA A K, LENSTRA H W, MANASSE M S. et al. The Factorization of the ninth Fermat number[J]. Math. Comput. 1993,61(203):319-349.
③ CRANDALL R, DOENIAS J, NORRIE C, et al. The twenty-second Fermat number is composite[J]. Math, Comput, 1995,64(210):863-868.

此外，对于 F_{14}，人们至今仍未发现它的任何素因子．而在 1990 年，A. K. Lenstra 等人①在为数众多的计算机上运行了很长时间，才得出了 F_9 的完全分解．由此可见，对于费马数的研究，迄今为止，在现代高速计算机力所能及的范围内，已经进行得相当彻底了．

Dubner 等人②提出了广义费马数的概念，即 $F(b,m)=b^{2^m}+1$，b 为偶数．并讨论了奇素数作为广义费马数，尤其是 $F(6,m)$，$F(10,m)$ 和 $F(12,m)$ 的因子的某些规律，但未考虑广义费马数的存在与分布情况．从相关文献①的表中可知，对于 $b=6,10,12,1\leqslant m\leqslant 7$，只有 3 个广义费马素数，即 6^2+1，6^4+1，10^2+1．此外，未见到有关工作．

为此，武汉交通科技大学的皮新明教授 1998 年讨论 $F(b,m)$ 为素数的必要条件、充分条件和 $F(b,m)$ 的素因子的某些性质．利用这些结果，作者提出了搜寻广义费马素数的一种高效率的算法，其运行时间为 $O(\log_2^3 F)$，$F=F(b,m)$．作者在计算机上实现了这一算法，对于小于或等于 256，$m\leqslant 10$ 得出了全部广义费马素数，其中最大的是 $46^{512}+1$，有 852 位．作者认为，广义费马素数在快速傅里叶变换的进一步发展中将发挥重要作用．

14.2　定义与符号

定义 1　设 b 为偶数，m 为非负整数，则称 $b^{2^m}+1$ 为广义费马数，简称 GFN，记为 $F(b,m)$，且分别称 b 和 m 为 $F(b,m)$ 的底和阶数．

定义 2　称 $F(2,m)$ 为标准费马数，简称 SFN，记为 F_m．

定义 3　若 $F(b,m)$ 为素数，则称为广义费马素数，简称 GFP．若 F_m 是素数，则称为标准费马素数，简称 SFP．

定义 4　若素数 p 只能表示为 $p=F(p-1,0)$，则称之为平凡的 GFP；若存在 $m\in\mathbf{N}$ 及偶数 b 使 $p=F(b,m)$，则称之为非平凡的 GFP．

定义 5　设 a,N 均为大于 1 的整数，且
$$a^{N-1}\equiv 1\pmod{N}\tag{1}$$
则称 N 为以 a 为底的概素数，简称 $prp(a)$．若式(1)成立而已知 N 为合数，则称 N 为以 a 为底的伪素数，简称 $psp(a)$．只要不至于发生混淆，"以 a 为底"可以略

---

①　LENSTRA A K, LENSTRA H W, MANASSE M S. et al. The Factorization of the ninth Fermat number[J]. Math. Comput. 1993,61(203):319-349.

②　DUBNER H, KELLER W. Factors of Generalized Fermat numbers[J]. Math. Comput,1995,64(209):397-405.

去,相应地简称为 prp 和 psp.

定义 6 若 $F(b,m)$ 是 prp(psp),则称之为广义费马概(伪)素数,简称 GFPRP(GFPSP).

14.3 定理与算法

设 $b>1$,易知 $N=b^n+1$ 为素数的必要条件是 b 为偶数且 $n=2^m$,m 为非负整数,即 $N=F(b,m)$,是一个 GFN.为了得出本章结果,要用到以下定理.

定理 1 $F=F(b,m)$ 为素数的必要条件是对任一自然数 a,$1<a<F$,有
$$a^{F-1} \equiv 1 (\bmod F)$$

证明 费马小定理指出,若 p 为素数,$(a,p)=1$,则 $a^{p-1} \equiv 1 (\bmod p)$.令 $p=F(b,m)$ 即得本定理.证毕.

定理 2 设 p 为素数,$p \mid F(b,m)$,则 $p \equiv 1 (\bmod 2^{m+1})$.

证明 $p \mid F(b,m) \Rightarrow b^{2^m} \equiv -1 (\bmod p) \Rightarrow b^{2^{m+1}} \equiv 1 (\bmod p) \Rightarrow 2^{m+1} \mid (p-1) \Rightarrow p \equiv 1 (\bmod 2^{m+1})$,证毕.

引理 1 设 $N-1$ 已经完全分解,即
$$N-1 = \prod_i p_i^{a_i} \qquad (2)$$
其中 p_i 为素数,$a_i \in \mathbf{N}$,$i=1,2,\cdots$.若对于每个 p_i 都存在 a_i 使得 N 是 $prp(a_i)$,且
$$a_i^{(N-1)/p_i} \not\equiv 1 (\bmod N) \qquad (3)$$
则 N 为素数.

定理 3 设 $b=\prod_i p_i^{a_i}$,p_i 为素数,$a_i \in \mathbf{N}$,$i=1,2,\cdots$;$F=F(b,m)$.若对于每个 p_i,存在 a_i 使得 F 是 $prp(a_i)$,且 $a_i^{(F-1)/p_i} \not\equiv 1 (\bmod F)$,则 F 为素数.

证明 $F-1=b^{2^m}$.故 $F-1$ 的每个素因子都是 b 的素因子,反之亦然,从而由引理 1 可知,当定理中的条件满足时,F 为素数,证毕.

利用以上结果,并限定 $b \leqslant 256$,$m \leqslant 10$,作者提出在计算机上系统地搜寻 GFP 的一种高效算法,步骤如下:

ⅰ.利用定理 1,对于满足 $6 \leqslant b \leqslant 254$ 的每个偶数 b,依次对 $m=1,2,\cdots$,9 检验 $F(b,m)$ 是否为 $prp(5)$.由此得出 $m \leqslant 9$ 的 GFPRP.

ⅱ.对于 $m=10$,为节省运行时间,采用先搜寻 $F(b,10)$ 的小因子的办法.由定理 2 知,$F(b,10)$ 的任一素因子必形如 $k \cdot 2^{11}+1$.为进一步节省运行时间,先列出数表 $t_k = k \cdot 2^{11}+1$,$1 \leqslant k \leqslant 10^4$,再检验出其中的 $prp(5)$(共 1 274 个).保留这些 prp,并称它们所成之集为 T.

ⅲ. 对于每个 b，依次取 T 中的元素 t_i，$1 \leqslant i \leqslant 1\ 274$，检验 $b^{2^{10}} \equiv -1 \pmod{t_i}$ 是否成立. 若成立，则 $t_i \mid F(b,10)$.

ⅳ. 对于未发现小因子的各个 $F(b,10)$，检验它们是否为 $prp(5)$. 由此得出阶数为 10 的 GFPRP.

ⅴ. 对于由 ⅰ 和 ⅳ 得出的每个非平凡的 GFPRP，利用定理 3 进行素性检验，从而得出 $b \leqslant 256$，$m \leqslant 10$ 的全部非平凡的 GFP.

应当指出，当利用式(1)检验大数 N 是否为概素数时，由于采用了反复平方求余的技巧，由二进制位数不超过 $(\log_2 N)+1$ 的两个数相乘、对 N 求余，运算次数不超过 $2(\log_2 N)$，因而运行时间为 $O(\log_2^3 N)$. 这是一种效率很高的算法(如果利用快速傅里叶变换，运行时间还可缩短). 又由于 $F(b,m)$ 的特殊结构，我们可以利用定理 3 简便地完成 $F(b,m)$ 的素性证明，其运行时间也是 $O(\log_2^3 N)(N = F(b,m))$. 这在一般情况下是无法实现的，除非已经得出的 $N-1$ 的素因子之积至少为 $O(\sqrt[3]{N})$，可采用相关文献①中类似的方法，否则要用到相当复杂的算法，例如利用椭圆曲线来进行素性证明，显然，除利用快速傅里叶变换以外，不可能有效率更高的算法了.

顺便指出，对于 $m=10$，当 b 接近 256 时，在 486 计算机上检验式(1)是否成立耗时约 1 h. 因此，用步骤 ⅲ 对 b 进行淘汰是明智的做法，耗时仅 $7 \sim 9$ s. 实际上，在 128 个 b 中，有 63 个 $F(b,10)$ 存在 $k < 10^4$ 的小因子，节省了 50% 左右的运行时间. 容易看出，对于 $m=9$ 采用步骤 ⅲ 也是有意义的. 此外，当 b 接近 256 时，对 $F(b,11)$ 进行概素数检验，在 486 微机上将耗时 8 h 左右. 因此对于 $m \geqslant 11$，相应的运算不宜在小型计算机上进行. 取 $m \leqslant 10$ 是最有利的选择.

14.4 运行结果

表 1 中对于 $b \leqslant 256$，$m \leqslant 10$ 列出了 GFP 的对应值 b 与 m. 如果对于 $0 \leqslant m \leqslant 10$，不存在 GFP 或只存在平凡的 GFP，那么略去 b. 此外，如果 $b = b_0^{2^n}$，$n \geqslant 1$，也略去 b 而将 GFP 归于 b_0 的对应栏之中. 这就使得对于每个 GFP，存在唯一确定的底与阶数.

利用 20 000 以内的素数表可得出本章范围内的 46 个平凡的 GFP. 经过上节的步骤 ⅰ ~ ⅳ，共得出 GFPRP 105 个，除了当 $F(b,m) < 20\ 000$ 时用素数

---

① BRILLHART J, LEHMER D H, SELFRIDGE J L. New primality Criteria and Factorizations of $2^m \pm 1$[J]. Math. Comput., 1975, 29(130): 620-647.

表直接验证外,对其他 GFPRP,经过步骤 V,证明了它们无一例外地都是 GFP,亦即我们没有发现任何一个 GFPSP.

此外,对于 $b=12,18,22,42,52,58,60,70,72,78,108,136,138,148,166,172,178,192,222,226,232$,我们只得到平凡的 GFP,这样的 b 共有 21 个.

表 1 与 GFP 对应的 b 与 m

b	m	b	m	b	m	b	m	b	m
2	0,1,2,3,4	56	1,2	114	5	156	0,1,4,5	206	1
6	0,1,2	66	1	116	1	158	4	208	3
10	0,1	74	1,2,4	118	2,3	160	1,2	210	0,1,2
14	1	76	4	120	1,7	162	0,6	220	2
20	1,2	80	2	124	1	164	2	224	1
24	1,2	82	0,2	126	0,1	170	1	228	2
26	1	84	1	130	0,1	174	2	230	1
28	0,2	88	0,2	132	2,3,5	176	1,4	234	7
30	0,5	90	1,2	134	1	180	0,1,2	236	1
34	2	94	1,4	140	2,3	184	1	238	0,2
40	0,1	96	0,5	142	2	188	4	240	0,1,3
44	4	102	0,6	146	1	190	0,7	242	2,3
46	0,2,9	106	0,2	150	0,1	194	2	248	2,4
48	2	110	1	152	3	198	0,2,4	250	0,1
54	1,2,5	112	0,5	154	2	204	1,2	254	2

表 2 中的 j_m 表示阶数为 m 的 GFP 的个数.

表 2 GFP 的分布

m	0	1	2	3	4	5	6	7	8	9	10	$\leqslant 10$
j_m	46	38	35	8	11	7	2	3	0	1	0	151

14.5 结论与猜想

从以上运行结果可以看出,总地来说,对给定范围内的 b 而言,m 越小,出现的 GFP 越多.而且对绝大多数的 b 而言,GFP 主要集中于 $m\leqslant 2$,这与 SFPs

的情形类似.

在本章搜寻范围内得出的最大的 GFP 是 $F(46,9)$,它的十进制数字有 852 位,是否存在更大的非平凡的 GFP 或阶数更高的 GFP,是一个难以回答的问题.作者将在 $m \leqslant 10$ 的前提下,对更大范围内的 b 搜寻 GFP,以求对它们的分布有更深入的了解.

最后,作者对 GFP 提出如下猜想:

猜想 1 存在无穷多个非平凡的 GFP.

猜想 2 对每个自然数 m,都存在偶数 b 使得 $F(b,m)$ 为素数.

第15章 $b\leqslant 2\,000, m\leqslant 10$ 的广义费马素数

近年来,人们利用高速计算机对费马数的素性判定及因子分解进行了相当深入的研究[1][2],然而仍未发现 $m\geqslant 5$ 的费马素数 $F_m=2^{2^m}+1$. 于是有人提出了广义费马数的概念[3],即 $F(b,m)=b^{2^m}+1$,其中 b 为偶数,m 为非负整数. 皮新明在《搜寻广义 Fermat 素数》[4]一文中讨论了 $F(b,m)$ 为素数的必要条件和充分条件,提出了高效率的算法,对于 $b\leqslant 256, m\leqslant 10$ 得出了所有广义费马素数,其中最大的是 $46^{512}+1$,有 852 位. 最近,作者发现一则报道[5],日本数学家森本光生曾对 $b\leqslant 1\,000, m\leqslant 8$ 做过研究,得出的最大广义费马素数是 $898^{256}+1$,有 757 位. 武汉理工大学基础教育学院的皮新明教授 2002 年进一步改进了算法,对于 $b\leqslant 2\,000, m\leqslant 10$ 得出了全体广义费马素数,其中最大的是 $1\,632^{1\,024}+1$,有 3 290 位.

为方便起见,以下给出有关定义与定理.

---

① LENSTRA A K, LENSTRA H W, MANASSE M S, et al. The Factorization of the ninth Fermat number[J]. Math. Comput., 1993,61(203):319-349.

② CRANDALL R, DOENIAS J, NORRIE C, et al. The twenly-second Fermat number is composite[J]. Math. Comput., 1995,64(210):863-868.

③ DUBNER H, KELLER W. Fctors of Generalized Fermat numbers[J]. Math. Comput., 1995,64(209):397-405.

④ 皮新明. 搜寻广义 Fermat 素数[J]. 数学杂志,1998,18(3):276-280.

⑤ 刘培杰. 费马数[J]. 自然杂志,1991,14(8):608-612.

定义 1 设 b 为偶数，m 为非负整数，则称 $b^{2^m}+1$ 为广义费马数，简称 GFN，记为 $F(b,m)$，且分别称 b 和 m 为 $F(b,m)$ 的底和阶数。

定义 2 若 $F(b,m)$ 为素数（概素数、伪素数），则称为广义费马素数（概素数、伪素数），记为 GFP(GFPRP, GFSP)。

定义 3 若素数 p 只能表示为 $p=F(p-1,0)$，则称之为平凡的 GFP，否则称之为非平凡的 GFP.

记 $F=F(b,m)$，由费马小定理可知，F 为素数的必要条件是对任一自然数 a，$1<a<F$，有

$$a^{F-1}\equiv 1\,(\bmod\,F) \tag{1}$$

但满足式(1)的 F 未必是素数，因而只能称为（以 a 为底的）概素数。如果已经知道某个概素数是合数，那么称之为（以 a 为底的）伪素数。为检验某个数是否为素数，可以利用以下定理。

定理 1① 设 $b=\prod_i p_i^{T_i}$，p_i 为素数，$T\in\mathbf{N}$，$i=1,2,\cdots$；$F=F(b,m)$。若对于每个 p_i 存在 $a_i\in\mathbf{N}$，使 $a_i^{F-1}\equiv 1$ 且 $a_i^{(F-1)/p_i}\not\equiv 1(\bmod\,F)$，则 F 为素数。

为了尽可能地节省运行时间，还要用到下面定理。

定理 2 设 p 为素数，$p\mid F(b,m)$，则 $p\equiv 1\,(\bmod\,2^{m+1})$.

为了在计算机上系统地搜寻 GFP，本章采用以下算法。

ⅰ. 对于满足 $258\leqslant b\leqslant 2\,000$ 的每个偶数 b，依次对 $m=1,2,\cdots,8$ 检验式(1)是否成立（取 $a=5$）。由此得出相应的 GFPRP.

ⅱ. 对于 $m=9$ 和 $m=10$，为节省运行时间，采用先搜寻小因子的办法。以下仅对 $m=10$ 加以说明。由定理 2 知，$F(b,10)$ 的素因子必形如 $k\cdot 2^{11}+1$。为进一步提高效率，先列出数表 $t_k=k\cdot 2^{11}+1$，$1\leqslant k\leqslant 200\,000$，并检验出其中（以 5 为底）的概素数（共 21 398 个），称它们所成之集为 T 并予以保留。（相应地，对于 $m=9$，T 中元素共有 22 278 个。）

ⅲ. 对于每个 b，依次取 T 中元素 t_i，$1\leqslant i\leqslant 21\,398$，利用反复平方求余的办法检验 $b^{2^{10}}\equiv -1\,(\bmod\,t_i)$ 是否成立。当发现满足此式的最小值 t_l 时，则已知 $t_l\mid F(b,10)$，转入下一个 b。

ⅳ. 对于未发现小因子的各个 $F(b,10)$，检验它们是否满足式(1)，由此得出阶数为 10 的 GFPRP.

ⅴ. $m=9$ 的情况参见 ⅱ，ⅲ，ⅳ。然后对于由以上步骤得出的每个 GFPRP，利用定理 1 进行素性检验，从而得出 $258\leqslant b\leqslant 2\,000$，$m\leqslant 10$ 的全部非平凡的

---

① BRILLHART J，LEHMER D H，SELFRIDGE J L. New primality Criteria and Factorizations of $2^n\pm 1$[J]. Math. Comput.，1975，29(130)：620-647.

GFP.

运行结果 对于平凡的 GFP,$b \leqslant 2\,000$,查阅素数表即可. 对于 $1 \leqslant m \leqslant 10, 258 \leqslant b \leqslant 2\,000$,利用上述算法在 PC 机上系统地搜寻了 GFP,所得结果见表 1,其中 n_m 表示阶数为 m 的 GFP 的个数,$b \leqslant 2\,000$.

表 1 GFP 及其分布

m	b	n_m
0	2,6,10,18,22,28,30,40,42,…,1 930,1 932,1 948,1 950,1 972,1 978,1 986,1 992,1 996,1 998	292
1	2,6,10,14,20,24,26,40,54,56,…,1 894,1 910,1 920,1 940,1 964,1 966,1 970,1 974,1 980,1 990	201
2	2,6,20,24,28,34,46,48,54,56,…,1 942,1 944,1 948,1 952,1 956,1 962,1 972,1 978,1 986,1 994	202
3	2,118,132,140,152,208,240,242,288,290,…,1 682,1 698,1 732,1 752,1 800,1 836,1 868,1 878,1 930,1 942	69
4	2,44,74,76,94,156,158,176,188,198,…,1 822,1 830,1 834,1 850,1 856,1 860,1 876,1 890,1 950,1 984	77
5	30,54,96,112,114,132,156,332,360,…,1 596,1 678,1 714,1 754,1 812,1 818,1 878,1 906,1 960,1 962	38
6	102,162,274,300,412,562,592,728,1 084,1 094,1 108,1 120,1 200,1 558,1 566,1 630,1 804,1 876	18
7	120,190,234,506,532,548,960,1 738,1 986	9
8	278,614,892,898,1 348,1 494,1 574,1 938	8
9	46,1 036,1 318,1 342	4
10	824,1 476,1 632	3

对表 1 的两点说明:

i. 若 $b = b_0^{2^n}, n \geqslant 1$,则 $F(b,m) = F(b_0, m+n)$. 因而在表 1 中规定 GFP 的底只取最小值,使得每个 GFP 都有唯一确定的底与阶数.

ii. 为节省篇幅,表中对于 $m \leqslant 5$,只列出指定范围内最小与最大的各 10 个 GFP.

结论 与《搜寻广义 Fermat 素数》内容比较,本章在算法上的改进加大了素因子搜寻的力度,具体而言:

i. 对于 $m=9$ 和 $m=10$ 都先搜寻 $F(b,m)$ 的最小素因子(《搜寻广义

Fermat 素数》内容中只对 $m=10$ 进行搜寻).

ⅱ.《搜寻广义 Fermat 素数》内容试除范围为 $K \leqslant 1\,000$,而本章中试除范围扩大到 $k \leqslant 200\,000$.

ⅲ.进一步明确了不是用 $F(b,m)$ 去除概素数 t_i,而是用反复平方求余的方法检验 $b^{2^m} \equiv -1 (\bmod t_i)$ 是否成立.

以上措施都有利于进一步节省时间.同时使用的计算机也由 486 变为 K6—233,运行速度提高了近 10 倍.因此,尽管本章的搜寻范围比《搜寻广义 Fermat 素数》内容扩大了近 7 倍,运算量增加了约 20 倍,但是所用的运行时间反而有所减少.顺便指出,对于 $m=10$,由步骤 ③ 检验出 872 个 $F(b,10)$ 中有 466 个具有小因子,占 53.44%,这就使运行时间节省 50% 以上.

注意到 m 的值增加 1,则运算量增加到 8 倍,《搜寻广义 Fermat 素数》一文中 $b \leqslant 256, m \leqslant 10$,虽然 b 的取值范围不及森本光生,所得的最大 GFP 却超过了后者.本章取 $b \leqslant 2\,000, m \leqslant 10$,与《搜寻广义 Fermat 素数》(852 位)、《费马数》(757 位)相关内容比较都大为超过,因而得出了多个 9 阶、10 阶的 GFP,其中最大者达 3 290 位.

从运行结果来看,在本章的搜寻范围内,GFP 的分布呈现出比《搜寻广义 Fermat 素数》《费马数》相关内容更强的规律性.即随着 m 的增加,给定范围内的 GFP 呈逐渐减少的趋势.

最后指出,本章结果更为有力地支持了作者在《搜寻广义 Fermat 素数》一文中提出的两个猜想:

猜想 1 存在无穷多个非平凡的 GFP.

猜想 2 对每个自然数 m,存在偶数 b 使得 $F(b,m)$ 为素数.

广义费马数素性判定问题的几个结论

第 16 章

由于费马数在数字信号处理等方面有重要应用,因此在数论中它倍受人们重视. 近几年,人们进一步研究了广义费马数.①②③④我们知道,判别费马数是否为素数有著名的 Pepin 检验法,即 $2^{2^n}+1$ 为素数的充要条件是 $3^{\frac{F_n-1}{2}} \equiv -1 \pmod{F_n}$,目前它仍然是检验费马素数的一种高效工具,尤其是判别较大的费马数,无一不利用此条件. 但是,对于广义费马数来说是否有类似于 Pepin 判别的条件呢? 合肥学院数学物理系的朱玉扬教授 2004 年探讨这一问题并研究广义费马数素因子的某些性质.

定义 1 设 b 为偶数, n 为非负整数,则称 $b^{2^n}+1$ 为广义费马数,记为 $F(b,n)$.

定义 2 称 $F(2,n)$ 为标准的费马数,记为 F_n.

定理 1 若 $(3,b)=1, n \geqslant 1$,则 $F(b,n)$ 为素数的充要条件

---

① DUBNER H, KELLER W. Factors of Generalized Fermat numbers[J]. Math. Comput. 1995,64(209):397-405.

② BRILLHART J, LEHMER D H, SELFRIDGE J L, et al. Factorizations of $b^n \pm 1$, $b=2,3,5,6,7,10,11,12$ up to high powers. 2nded., Con-temporary Math. Vol 22, providence, AMS, RI, 1988.

③ 皮新明. 搜寻广义 Fermat 素数[J]. 数学杂志,1998,18(3):276-280.

④ 朱玉扬. 广义 Fermat 数的两个性质及方幂性问题[J]. 合肥教育学院学报,2001, 17(4).

是 $3^{\frac{F(b,n)-1}{2}} \equiv -1 (\mod F(b,n))$.

证明 必要性.

首先,当 $n \geqslant 1$ 时,可证 $(-1)^{\frac{F(b,n)-1}{2}} = 1$.

因为 b 为偶数,即

$$b = 2m \quad (m \geqslant 1, m \in \mathbf{N})$$

$$\frac{F(b,n)-1}{2} = \frac{b^{2^n}}{2} = 2^{2^n-1} m^{2^n}$$

于是

$$(-1)^{\frac{F(b,n)-1}{2}} = \left[(-1)^{2^{2^n-1}}\right]^{m^{2^n}} = 1$$

因

$$(-1)^{\frac{F(b,n)-1}{2}} \left(\frac{F(b,n)}{3}\right) \xrightarrow{\text{(高斯二次互反律)}} \left(\frac{3}{F(b,n)}\right)$$

$$(-1)^{\frac{F(b,n)-1}{2}} \left(\frac{F(b,n)}{3}\right) = \left(\frac{F(b,n)}{3}\right) = \left(\frac{b^{2^n}+1}{3}\right)$$

又 $(b,n) = 1$,即 $b = 3k+1$ 或 $b = 3k-1 (k \in \mathbf{N})$,有

$$\left(\frac{(3k \pm 1)^{2^n}+1}{3}\right) = \left(\frac{2}{3}\right) = -1$$

故

$$\left(\frac{3}{F(b,n)}\right) = \left(\frac{b^{2^n}+1}{3}\right) = \left(\frac{(3k \pm 1)^{2^n}+1}{3}\right) = -1$$

(这里 $\left(\frac{a}{p}\right)$ 为勒让德符号)

故 3 是模 $F(b,n)$ 的二次非剩余,即 $3^{\frac{F(b,n)-1}{2}} \equiv -1 (\mod F(b,n))$.

充分性.

若

$$3^{\frac{F(b,n)-1}{2}} \equiv -1 (\mod F(b,n)) \tag{1}$$

那么

$$3^{F(b,n)-1} = 1 (\mod F(b,n)) \tag{2}$$

即 3 对模 $f(b,n)$ 的指数 $\delta_{F(b,n)}(3)$ 整除 $F(b,n)-1$. 我们要证 $\delta_{F(b,n)}(3) = F(b,n)-1$. 若不然,则有

$$\delta_{F(b,n)}(3) = \frac{F(b,n)-1}{2}$$

或

$$\delta_{F(b,n)}(3) \mid \frac{F(b,n)-1}{2}$$

(这是因为 $\delta_{F(b,n)}(3) \mid (F(b,n)-1)$) 这两种情况皆与式(1)相矛盾,故

$$\delta_{F(b,n)}(3) = F(b,n)-1$$

即 $F(b,n)$ 为素数. 证毕.

在定理 1 中,当 $b=2$ 时它即是 T. Pepin 的结论. ①

定理 2 若 p 为 $F(b,n)$ 的素因子,则 $\delta_p(b)=2^{n+1}$.

引理 1 $\delta_{F(b,n)}(b)=2^{n+1}$.

证明 因 $F(b,n)\mid(b^{2^{n+1}}-1)$,即 $b^{2^{n+1}}\equiv 1(\bmod F(b,n))$,于是 $\delta_{F(b,n)}(b)\mid 2^{n+1}$, $h\leqslant n$ 时 $F(b,n)$ 不整除 $(b^{2^h}-1)(h$ 为自然数),所以 $\delta_{F(b,n)}(b)\geqslant 2^{n+1}$,而 $\delta_{F(b,n)}(b)\mid 2^{n+1}$,故 $\delta_{F(b,n)}(b)=2^{n+1}$.

引理 2② 对任意两个不同的整数 m 与 n,有 $(F(b,m),F(b,n))=1$.

引理 3③ 若 $m\mid n$,则 $\delta_m(\alpha)\mid\delta_n(\alpha)$.

定理 2 的证明 因 $p\mid F(b,n)$,由引理 3,$\delta_p(b)\mid\delta_{F(b,n)}(b)$,再由引理 1 知 $\delta_p(b)\mid 2^{n+1}$.

我们要证 $\delta_p(b)=2^{n+1}$,因 $\delta_p(b)\mid 2^{n+1}$,可设 $\delta_p(b)=2^d(d$ 为整数),若 $d\leqslant n$,而 $p\mid(b^{2^d}-1)$,p 不整除 $(b^{2^{d-1}}-1)$,另一方面
$$b^{2^d}-1=(b^{2^{d-1}}-1)(b^{2^{d-1}}+1)$$
所以 $p\mid(b^{2^{d-1}}+1)$,即 $p\mid F(b,d-1)$,所以 $p\mid(F(b,n),F(b,d-1))$,但 $d-1<n$,由引理 2 知,$(F(b,n),F(b,d-1))=1$,于是 $p\mid 1$,但 p 为素数,矛盾,故 $d\geqslant n+1$,由 $\delta_p(b)\mid 2^{n+1}$ 知 $\delta_p(b)=2^{n+1}$. 证毕.

定理 3 若 $p^m\mid F(b,n)$,其中 p 为素数,m 为正整数,则 $b^{p-1}\equiv 1(\bmod p^m)$.

证明 由 $p^m\mid F(b,n)$,得 $p^m\mid(b^{2^{n+1}}-1)$,即 $b^{2^{n+1}}\equiv 1(\bmod p^m)$,由相关文献④定理 2 知,$p=2^{n+1}k+1(k$ 为整数),故 $b^{p-1}=b^{2^{n+1}k}=(b^{2^{n+1}})^k\equiv 1^k\equiv 1(\bmod p^m)$. 证毕.

以上的定理对标准费马数 F_n 皆成立. 定理 1 对于判别广义费马数的素性极为有用,至于它的应用这里不再考虑. 在定理 1 中,若 3 与 b 不互质时,其结论如何有待探讨. 定理 3 指出 $F(b,n)$ 重素因子的性质. 相关文献②已证明 $F(b,n)$ 不可能是 $k(k$ 为 $\geqslant 2$ 的整数$)$ 次方数. 但到目前为止,人们还不知道 $F(b,n)$ 是否有重素因子.

---

① HONSBERGER R. 数学瑰宝(第一辑)[M]. 江嘉禾,译. 成都:四川教育出版社,1985.

② 朱玉扬. 广义 Fermat 数的两个性质及方幂性问题[J]. 合肥教育学院学报,2001,17(4).

③ 潘承洞,潘承彪. 初等数论[M]. 北京:北京大学出版社,1992.

④ 皮新明. 搜寻广义 Fermat 素数[J]. 数学杂志,1998,18(3):276-280.

广义费马数中的孤立数

第 17 章

对于正整数 s,设 $\delta(s)$ 是 s 的不同约数之和. 如果正整数 s 和 t 满足

$$\delta(s) = \delta(t) = s + t \tag{1}$$

则称 (s,t) 是一对相亲数. 相反,如果对于给定的 s,不存在任何正整数 t 适合(1),则称 s 是一个孤立数. 由于当一对相亲数 (s,t) 适合 $s=t$ 时,s 即为著名的完全数,所以相亲数与孤立数一直是数论中一个引人关注的课题[1][2].

设 n 是正整数,a 是大于 1 的正整数,则

$$F(a,n) = \frac{1}{b}(a^{2^n} + 1) \tag{2}$$

其中
$$b = \begin{cases} 1, & \text{当 } a \text{ 是偶数时} \\ 2, & \text{当 } a \text{ 是奇数时} \end{cases} \tag{3}$$

因为当 $a=2$ 时,$F(a,n)$ 为通常的费马数,所以对于一般的 a,$F(a,n)$ 统称为广义费马数. 2000 年,Luca[3] 证明了费马数 $F(2,n)$ 都是孤立数. 对于广义费马数,梧州师范高等专科学校

---

① GUY R K. Unsolved problems in number theory [M]. New York:Springer Verlag, 1981.

② YAN S—Y. 2500 years in the search for amicable numbers [J]. 数学进展,2004, 33(4):385-400.

③ LUCA F. The anti-social Fermat numbers[J]. Amer Math Monthly,2000, 107:171-173.

数学系的刘志伟教授 2006 年证明了以下一般性的结果：

定理 当 $n > \max(8, \log a / \log 2)$ 时，$F(a,n)$ 都是孤立数.

上述定理的证明要用到下列引理.

引理 1 当 $s = p_1^{r_1} p_2^{r_2} \cdots p_k^{r_k}$ 是 s 的标准分解式时，$\delta(s) = \prod_{i=1}^{k} \dfrac{p_i^{r_i+1} - 1}{p_i - 1}$. 证明参见相关文献①中的定理 1.

引理 2 当 $s > 2$ 时，$\dfrac{\delta(s)}{s} < 1.8 \log \log s + \dfrac{2.6}{\log \log s}$. 证明参见相关文献②.

引理 3 $F(a,n)$ 的素因数 p 都满足 $p \equiv 1 (\mathrm{mod}\ 2^{n+1})$.

证明 因为
$$a^{2^n} \equiv -1 (\mathrm{mod}\ p) \tag{4}$$
故有
$$a^{2^{n+1}} \equiv 1 (\mathrm{mod}\ p) \tag{5}$$
设 d 是整数 a 对模 p 的次数. 此时
$$a^d \equiv 1 (\mathrm{mod}\ p) \tag{6}$$
根据相关文献① 中的定理 3.7.4，从 (5) 可知
$$2^{n+1} \equiv 0 (\mathrm{mod}\ d) \tag{7}$$
如果 $d \neq 2^{n+1}$，则从 (7) 可知 $d = 2^r$，其中 r 是适合 $r \leqslant n$ 的非负整数. 此时从 (6) 可得
$$a^{2^n} \equiv 1 (\mathrm{mod}\ p) \tag{8}$$
结合 (4) 和 (8) 立得 $p = 2$. 然而，因为从 (2) 和 (3) 可知 $F(a,n)$ 是奇数，故不可能. 因此 $d = 2^{n+1}$，并且从相关文献① 的定理 2.3.2 和 3.7.4 立得 $p \equiv 1 (\mathrm{mod}\ 2^{n+1})$. 证毕.

引理 4 当 x 是小于 1 的正数时，必有 $\dfrac{2}{3}x < \log(1+x) < x$.

证明 如果 $\log(1+x) \geqslant x$，则可得 $1+x \geqslant e^x = 1 + x + \dfrac{x^2}{2!} + \cdots > 1+x, x > 0$ 这一矛盾，故必有 $\log(1+x) < x$. 如果 $2x/3 \geqslant \log(1+x)$，则有
$$\dfrac{2}{3}x \geqslant \log(1+x) = \dfrac{2x}{2+x} \sum_{j=0}^{\infty} \dfrac{1}{2j+1} \left(\dfrac{2x}{2+x} \right)^{2j} > \dfrac{2x}{2+x} \tag{9}$$
从 (9) 可得 $x > 1$ 这一矛盾，故必有 $2x/3 < \log(1+x)$. 证完.

定理的证明 设 $f = F(a,n)$，又设
$$f = p_1^{r_1} p_2^{r_2} \cdots p_k^{r_k} \tag{10}$$

---

① 华罗庚. 数论导引[M]. 北京：科学出版社，1979.

② ROSSER J B, SCHOENFELD L. Approximate formulas for some functions of prime numbers [J]. Illinois J Math, 1962，6：64-94.

是 f 的标准分解式,其中 $p_1, p_2, \cdots, p_k$ 是适合

$$p_1 < p_2 < \cdots < p_k \tag{11}$$

的素数,$r_1, r_2, \cdots, r_k$ 是适当的正整数. 根据引理 3 可知

$$p_i \equiv 1 \pmod{2^{n+1}} \quad (i=1,2,\cdots,k) \tag{12}$$

从(11)和(12)可得

$$p_i \geqslant 2^{n+1} i + 1 \quad (i=1,2,\cdots,k) \tag{13}$$

又从(2),(10)和(12)可得

$$a^{2^n} + 1 \geqslant f \geqslant p_1 p_2 \cdots p_k \geqslant (2^{n+1}+1)^k \geqslant 2^{(n+1)k} + 1 \tag{14}$$

由于 $n > \log a / \log 2$,故从(4)可知

$$k \leqslant \frac{2^n \log a}{(n+1) \log 2} < 2^n \tag{15}$$

假如 f 不是孤立数,则存在正整数 g 可使 (f, g) 是一对相亲数. 此时从(1)可得

$$\delta(f) = \delta(g) = f + g \tag{16}$$

根据引理 1,从(10)和(16)可知

$$1 + \frac{g}{f} = \frac{\delta(f)}{f} = \prod_{i=1}^{k}\left(1 + \frac{1}{p_i} + \cdots + \frac{1}{p_i^{r_i}}\right) < \prod_{i=1}^{k}\left(\sum_{j=0}^{\infty} \frac{1}{p_i^j}\right) = \prod_{i=1}^{k}\left(1 + \frac{1}{p_i - 1}\right) \tag{17}$$

再根据引理 4,从(13)(15)和(17)可得

$$\log\left(1 + \frac{g}{f}\right) < \log \prod_{i=1}^{k}\left(1 + \frac{1}{p_i - 1}\right) < \sum_{i=1}^{k} \log \frac{1}{p_i - 1} \leqslant$$
$$\sum_{i=1}^{k} \frac{1}{2^{n+1} i}\left(1 + \frac{1}{2} + \cdots + \frac{1}{k}\right) <$$
$$\frac{1}{2^{n+1}}(1 + \log k) < \frac{1}{2^{n+1}}(1 + n \log 2) \tag{18}$$

如果 $g \geqslant f$,则因 $n > 8$,故从(18)可得:$1 > (2^{n+1} - n)\log 2 = [(2^{n+1} - 1) - (n-1)]\log 2 = [(1 + 2 + \cdots + 2^n) - (n-1)]\log 2 > 2\log 2 > 1$,这一矛盾. 因此 $g < f$,并且根据引理 4,从(18)可得

$$\frac{2g}{3f} < \frac{1}{2^{n+1}}(1 + n \log 2) \tag{19}$$

另一方面,因为 $f > g$,所以根据引理 2,从(16)可知

$$1 + \frac{f}{g} = \frac{\delta(g)}{g} < 1.8 \log \log g + \frac{2.6}{\log \log g} < 1.8 \log \log f + 1 \tag{20}$$

从(20)立得

$$\frac{f}{g} < 1.8 \log \log f \tag{21}$$

结合(19)和(21)可知

$$2^{n+2} < 5.4\log\log f \leqslant 5.4\log\log(a^{2^n}+1) \tag{22}$$

由于 $n > \log a/\log 2$,故从(22)可得

$$2^{n+2} < 5.4\log(2^n\log a + 1) < 5.4\log(2^n \cdot n\log 2 + 1) <$$
$$5.4(n\log 2 + \log n + 1) \tag{23}$$

然而,因为 $n > 8$,所以(23)不可能成立.综上所述可知 f 必为孤立数.定理证完.

第 18 章 关于广义费马数 $F_{(6,1,n)}$ 的一个结论

18.1 引 言

对于任意的正整数 n, $\sigma(n)$ 表示 n 的所有不同正因子的和. 如果正整数 n,m 满足

$$\sigma(m) = \sigma(n) = m + n$$

则 (n,m) 称为一对亲和数；而对于不同的正整数 a,b,c 若满足

$$\sigma(a) = \sigma(b) = \sigma(c) \tag{1}$$

则称 a,b,c 为亲和三数组.

设 n,a,b 是正整数,定义广义费马数 $F_{(a,b,n)}$ 为

$$F_{(a,b,n)} = \frac{1}{b}(a^{2^n} + 1)$$

其中 $b \mid (a^{2^n} + 1)$[①]. 当 $a = 2, b = 1$, $F_{(a,b,n)}$ 即为通常的费马数. 2005 年,沈忠华[②]证明了费马数不与任何正整数构成亲和三数组. 而对于广义费马数的情况未曾讨论过. 喀什师范学院数学系的张四保,疏附县第二中学刘佳两位老师 2010 年讨论了广

---

① 蒋自国,曹型兵. 形如 $\frac{1}{2}(3^{2^n} + 1)$ 的孤立数[J]. 四川理工学院学报,2007,20(3):1-3.

② 沈忠华. 关于亲和三数组的一个结论[J]. 杭州师范学院学报,2005,4(2):102-104.

义费马数 $F_{(6,1,n)}=6^{2^n}+1$ 的情况,给出了广义费马数 $F_{(6,1,n)}=6^{2^n}+1$ 不与任何正整数构成亲和三数组,其中 n 为任意的正整数,即有如下定理.

定理 不存在正整数 x,y 满足
$$\sigma(F_{(6,1,n)})=\sigma(x)=\sigma(y)=F_{(6,1,n)}+x+y \tag{2}$$

18.2 引 理

引理 1 对于所有的正整数 n,必有 $\sigma(n)\leqslant n^2$ 成立.

证明 设 $n=p_1^{a_1}p_2^{a_2}\cdots p_s^{a_r}$,则
$$\sigma(n)=\sum_{x_1=0}^{a_1}\sum_{x_2=0}^{a_2}\cdots\sum_{x_s=0}^{a_s}p_1^{x_1}p_2^{x_2}\cdots p_s^{x_s}$$
$$=\sum_{x_1=0}^{a_1}p_1^{x_1}\sum_{x_2=0}^{a_2}p_2^{x_2}\cdots\sum_{x_s=0}^{a_s}p_s^{x_s}$$
$$\leqslant(p_1^{a_1})^2(p_2^{a_2})^2\cdots(p_s^{a_s})^2=n^2$$

引理 2[1] 对两个互素整数 a,b,如果素数 p 满足 $p\mid a^{2^n}+b^{2^n}$,那么 $p=2$ 或 $p\equiv 1(\bmod\ 2^{n+1})$.

引理 3 如果 $y\geqslant z>e$,那么 $\dfrac{\log(y+1)}{\log(z+1)}\leqslant\dfrac{\log y}{\log z}$.

证明 假定 $f(y)=\log(y+1)\log z-\log y\log(z+1)$,则当 $y>e>0$ 时,有 $f'(y)=\dfrac{1}{y+1}\log z-\dfrac{1}{y}\log(z+1)<\dfrac{1}{y+1}(\log z-\log(z+1))<0$,因而当 $y\geqslant z>e, f(y)\leqslant f(z)=0$,即 $\log(y+1)\log z-\log y\log(z+1)\leqslant 0$,即 $\dfrac{\log(y+1)}{\log(z+1)}\leqslant\dfrac{\log y}{\log z}$.

引理 4[2] 对任意的正整数 y,恒有 $\dfrac{\sigma(y)}{y}\leqslant\dfrac{y}{\varphi(y)}$,其中 $\varphi(y)$ 是欧拉函数.

引理 5[3] 若正整数 $y\geqslant 3$,则 $\sigma(y)<(1.8\log\log y+\dfrac{2.6}{\log\log y})y$.

---

① DICKSON L E. History of theory of number[M]. New York: Chelsa Publishing Company,1966.

② 沈忠华.关于亲和数的一个结果[J].哈尔滨师范大学:自然科学版,2001,17(5):15-19.

③ ROSSER J B, SCHOENFELD L. Approximate formulas for some functions of prime number[J]. Illinois of Math, 1962,6(2):64-94.

18.3 定理的证明

将广义费马数 $F_{(6,1,n)} = 6^{2^n} + 1$ 分为素数与合数这两种情况分别进行讨论.

i. 若 $F_{(6,1,n)} = 6^{2^n} + 1$ 为素数,则 $\sigma(F_{(6,1,n)}) = F_{(6,1,n)} + 1$,代入(2)可得
$$\sigma(x) = \sigma(y) = F_{(6,1,n)} + x + y = F_{(6,1,n)} + 1$$
即 $x+y=1$,此时对于不同的两个正整数 x 与 y 是不可能成立的. 因而,在 $F_{(6,1,n)} = 6^{2^n} + 1$ 为素数时,不存在正整数 x 与 y 使得(2)式成立.

ii. $F_{(6,1,n)} = 6^{2^n} + 1$ 为合数. 由于 $F_{(6,1,1)} = 6^{2^1} + 1 = 37$, $F_{(6,1,2)} = 6^{2^2} + 1 = 1\,297$ 为素数,而 $F_{(6,1,3)} = 6^{2^3} + 1 = 1\,679\,617$,因而此时,$n \geqslant 3$.

由引理1可得,$x^2 \geqslant \sigma(x) > F_{(6,1,n)} \geqslant F_{(6,1,3)} > 6^{2^3} = 6^8 = (6^4)^2$,即可得 $x > 6^4$,所以
$$x \geqslant 6^4 + 1 = 6^{2^2} + 1 = F_{(6,1,2)}$$

令 $F_{(6,1,n)} = p_1^{a_1} p_2^{a_2} \cdots p_r^{a_r}$,其中 $p_1 < p_2 < \cdots < p_r$ 为奇素数,且 $p_i \equiv 1 \pmod{2^{n+1}}$,对所有的 $i=1,2,\cdots,r$ 都成立,因而有
$$F_{(6,1,n)} = p_1^{a_1} p_2^{a_2} \cdots p_r^{a_r} \geqslant p_1 p_2 \cdots p_r \geqslant (2^{n+1}+1)^r$$
又由于 $n \geqslant 3$,则由引理3可得
$$r \leqslant \frac{\log F_{(6,1,n)}}{\log(2^{n+1}+1)} = \frac{\log(6^{2^n}+1)}{\log(2^{n+1}+1)} < \frac{\log 6^{2^n}}{\log 2^{n+1}} < \frac{3 \cdot 2^n}{n+1}$$

由引理4可得
$$1 + \frac{x+y}{F_{(6,1,n)}} = \frac{\sigma(F_{(6,1,n)})}{F_{(6,1,n)}} \leqslant \frac{F_{(6,1,n)}}{\varphi(F_{(6,1,n)})} = \prod_{i=1}^{r}\left(1 + \frac{1}{p_i - 1}\right)$$
因而有
$$\log\left(1 + \frac{x+y}{F_{(6,1,n)}}\right) \leqslant \sum_{i=1}^{r} \log\left(1 + \frac{1}{p_i-1}\right) < \sum_{i=1}^{r} \frac{1}{p_i-1} \quad (3)$$
由于 $p_i \equiv 1 \pmod{2^{n+1}}$,则有 $p_i \geqslant 2^{n+1}i+1 (i=1,2,\cdots,r)$,所以
$$\sum_{i=1}^{r} \frac{1}{p_i-1} \leqslant \frac{1}{2^{n+1}} \sum_{i=1}^{r} \frac{1}{i} \leqslant \frac{1}{2^{n+1}}(1 + \log r)$$
$$\leqslant \frac{1}{2^{n+1}}\left(1 + \log \frac{3 \cdot 2^n}{n+1}\right) < \frac{(n+1)\log 2}{2^{n+1}}$$

即有
$$\log\left(1 + \frac{x+y}{F_{(6,1,n)}}\right) < \frac{(n+1)\log 2}{2^{n+1}} \quad (4)$$

因而必有 $x+y < F_{(6,1,n)}$. 如果 $x+y \geqslant F_{(6,1,n)}$,则由(4)可得

$$\log 2 < \log\left(1 + \frac{x+y}{F_{(6,1,n)}}\right) < \frac{(n+1)\log 2}{2^{n+1}}$$

即 $2^{n+1} < n+1$,这是不可能的. 因而,$x+y < F_{(6,1,n)}$.

因为 $\log(1+y) > \frac{y}{2}$ 对于 $y \in (0,1)$ 都成立,所以

$$\frac{x+y}{2F_{(6,1,n)}} < \frac{(n+1)\log 2}{2^{n+1}}$$

因而
$$x+y < \frac{(n+1)F_{(6,1,n)}\log 2}{2^n}$$

由引理 5 可得

$$F_{(6,1,n)} < F_{(6,1,n)} + x + y < \sigma(x) < \left(1.8\log\log x + \frac{2.6}{\log\log x}\right)x$$

又由于 $x > 6^4 \geqslant 6^{2^2} + 1$,所以 $\log\log x > 1.3$,因而有

$$F_{(6,1,n)} < 1.8\log\log x + 2x < 1.8x(\log\log x + 1.2)$$
$$< 1.8(x+y)(\log\log(x+y) + 1.2)$$
$$< 1.8\left(\frac{F_{(6,1,n)}(n+1)\log 2}{2^{n+1}}\right)\log\log\left(\frac{F_{(6,1,n)}(n+1)\log 2}{2^{n+1}} + 1.2\right)$$
$$< 1.8\frac{F_{(6,1,n)}(n+1)\log 2}{2^{n+1}}(\log\log F_{(6,1,n)} + 1.2)$$

即
$$2^{n+1} < 1.8n\log 2(\log\log F_{(6,1,n)} + 1.2)$$

因为 $F_{(6,1,n)} = 6^{2^n} + 1 < 6^{2^{n+1}}$,所以

$$2^{n+1} < 1.8n\log\log 6((n+1)\log 2 + \log\log 6 + 1.2) \qquad (5)$$

式 (5) 对于所有 $n \geqslant 3$ 的正整数均不成立.

定理证毕.

广义费马数与伪素数

第 19 章

设 n 是正整数. 根据欧拉定理可知:当 n 是素数时,如果 a 是适合 $\gcd(a,n)=1$ 的整数,则必有
$$a^{n-1} \equiv 1 (\bmod n) \qquad (1)$$
另外,当 n 是合数时,如果 n 满足同余关系(1),则称 n 是底为 a 的伪素数. 长期以来,关于伪素数的各种性质一直是数论中引人关注的研究课题[1]. 一些学者也得到了关于伪素数的一些奇妙性质.[2][3][4][5]

对于正整数 m,设 $F_m = 2^{2^m}+1$ 是第 m 个费马数. 对此,王云葵证明了:任何费马数必为素数或者底为 2 的伪素数[6]. 管训贵证明了:如果 $m_1, m_2, \cdots, m_k$ 是适合 $m_1 < m_2 < \cdots < m_k$ 的正整数,则 k 个费马数的乘积 $F_{m_1} F_{m_2} \cdots F_{m_k}$ 是底为 2 的伪素数

---

[1] GUY R K. Unsolved problems in number theory[M]. 3rd edition. Beijing: Science Press, 2007.

[2] 熊全淹. 初等整数论[M]. 武汉:湖北教育出版社,1985.

[3] 潘承洞,潘承彪. 初等数论[M]. 北京:北京大学出版社,1992.

[4] 柯召,孙琦. 数论讲义(上册)[M]. 北京:高等教育出版社,1990.

[5] 蒙正中. 关于绝对伪素数的判别与计算[J]. 广西大学学报:自然科学版,2003,28(2):125-128.

[6] 王云葵. 任何费马数都是素数或伪素数[J]. 玉林师范学院学报:自然科学版,1998(3):26-28.

的充要条件是 $m_1 \leqslant 2^{m_2}-1$ 且 $m_k \leqslant 2^{m_1}-1$.①这里应该指出:上述结果都是已知的②,而且因为 $m_1 < m_2$,所以相关文献③结果中的条件"$m_1 \leqslant 2^{m_2}-1$"是多余的.

对于正整数 b 和 m,其中 $b>1$,设
$$G_m = b^{b^m}+1 \tag{2}$$
由于费马数 F_m 是 G_m 在 $b=2$ 时的特例,所以形如(2)的 G_m 统称为广义费马数.对此,空军工程大学理学院的刘妙华、焦红英两位教授 2014 年运用初等方法证明了下列结果.

定理 1 当 b 是偶数时,G_m 必为素数或者底为 b 的伪素数.

定理 2 当 b 是偶数时,如果 $m_1, m_2, \cdots, m_k$ 是适合 $m_1 < m_2 < \cdots < m_k$ 的正整数,则 k 个广义费马数的乘积 $G_{m_1} G_{m_2} \cdots G_{m_k}$ 是底为 b 的伪素数的充要条件是 $m_k \leqslant b^{m_1}-1$.

显然,相关文献①②④ 中的结果分别是定理在 $b=2$ 时的特例.

19.1 定理 1 的证明

设 n 是大于 1 的正整数,a 是适合 $\gcd(a,n)=1$ 的整数.根据欧拉定理可知
$$a^{\varphi(n)} \equiv 1 (\bmod n) \tag{3}$$
其中 $\varphi(n)$ 是欧拉函数.因为 $\varphi(m)$ 必为正整数,所以从式(3)可知存在正整数 r 可使同余关系
$$a^r \equiv 1 (\bmod n) \tag{4}$$
成立.如果 $r=d$ 是可使式(4)成立的最小正整数,则称 d 是整数 a 对模 n 的指数.

引理 1⑤ 当 d 是 a 对模 n 的指数时,正整数 r 适合式(4)的充要条件是 $d \mid r$.

引理 2 整数 b 对模 G_m 的指数等于 $2b^m$.

证明 设 d 是 b 对模 G_m 的指数.因为 $b^{2b^m}-1 = (b^{b^m}-1)(b^{b^m}+1) =$

---

① 管训贵.费马数与伪素数[J].四川理工学院学报:自然科学版,2011,24(2):140-141.

② CIPOLLA M. Sui numeri composti P che verificiano Annali di Fermat $o^{p-1} \equiv 1 (\bmod p)$[J]. Annali di Matematica, 1904,9(2):139-160.

③ 潘承洞,潘承彪.初等数论[M].北京:北京大学出版社,1992.

④ 王云葵.任何费马数都是素数或伪素数[J].玉林师范学院学报:自然科学版,1998(3):26-28.

⑤ 闵嗣鹤,严士健.初等数论[M].北京:高等教育出版社,2004.

$(b^{b^m}-1) G_m$,所以
$$b^{2b^m} \equiv 1 \pmod{G_m} \tag{5}$$
根据引理1,从式(5)可知 $d \mid 2b^m$,故有
$$2b^m = ds \tag{6}$$
其中 s 是正整数.

假如 $d \neq 2b^m$,则从式(6)可知 $s \geq 2$ 以及 $d \leq b^m$.然而,因为根据指数的定义可知 $b^d \equiv 1 \pmod{G_m}$,故从式(2)可得 $G_m = b^{b^m}+1 > b^{b^m}-1 \geq b^d - 1 \geq G_m$,这一矛盾.由此可知 $d = 2b^m$.

定理 1 的证明 当 b 是偶数时,因为 $b \geq 2, b^m \geq b^{m+1}$ 且 $b^{m+1} \mid b^{b^m}$,所以
$$2b^m \mid b^{b^m} \tag{7}$$
由于从引理2可知,整数 b 对模 G_m 的指数等于 $2b^m$,所以根据引理1,由式(2)(7)可得
$$b^{G_m - 1} \equiv 1 \pmod{G_m} \tag{8}$$
因此,从式(8)可知 G_m 必为素数或者底为 b 的伪素数.

19.2 定理 2 的证明

引理 3① 对于正整数 $n_1, n_2, \cdots, n_k$,如果整数 X 和 Y 满足 $X \equiv Y \pmod{n_i}$, $i = 1, 2, \cdots, k$,则必有 $X \equiv Y \pmod{n}$,其中 n 是 $n_1, n_2, \cdots, n_k$ 的最小公倍数.

引理 4 当 b 是偶数时,对于不同的正整数 m 和 m',必有 $\gcd(G_m, G_{m'}) = 1$.

证明 因为 $m \neq m'$,所以不妨假定 $m < m'$.设 $l = \gcd(G_m, G_{m'})$.由于当 b 是偶数时,l 必为奇数,所以从式(2)可知
$$0 \equiv G_{m'} \equiv b^{b^{m'}} + 1 \equiv (b^{b^m})^{b^{m'-m}} + 1 \equiv (G_m - 1)^{b^{m'-m}} + 1$$
$$\equiv (-1)^{b^{m'-m}} + 1 \equiv 2 \pmod{l} \tag{9}$$
从(9)式即得 $l = 1$.

引理 5 对于适合 $m_1 < m_2 < \cdots < m_k$ 的正整数 $m_1, m_2, \cdots, m_k$,设
$$n = G_{m_1} G_{m_2} \cdots G_{m_k} \tag{10}$$
当 b 是偶数时,b 对模 n 的指数等于 $2b^{m_k}$.

证明 设 b 对模 n 的指数等于 d,此时,从式(10)可知
$$b^d \equiv 1 \pmod{G_{m_i}} \quad (i = 1, 2, \cdots, k) \tag{11}$$
根据引理2可知 b 对模 $G_{m_i} (i = 1, 2, \cdots, k)$ 的指数分别是 $2b^{m_i} (i = 1, 2, \cdots,$

---

① 闵嗣鹤,严士健.初等数论[M].北京:高等教育出版社,2004.

k),故由引理 1,从式(11)可得 $2b^{m_i} \mid d, i=1,2,\cdots,k$. 又因
$$2b^{m_i} \mid 2b^{m_k} \quad (i=1,2,\cdots,k) \tag{12}$$
所以条件(12)可写成
$$2b^{m_k} \mid d \tag{13}$$

另一方面,因为从引理 2 可知
$$b^{2b^{m_i}} \equiv 1(\bmod G_{m_i}) \quad (i=1,2,\cdots,k) \tag{14}$$
又从引理 4 可知 $G_{m_1}, G_{m_2}, \cdots, G_{m_k}$ 两两互素,所以根据引理 3,从(10)(12) 和式(14) 可得
$$b^{2b^{m_k}} \equiv 1(\bmod n) \tag{15}$$
因此,根据引理 1,从式(15) 可知
$$d \mid 2b^{m_k} \tag{16}$$
于是,结合(13)(16) 式即得 $d = 2b^{m_k}$. 证毕

证明 (定理 2)设 n 是适合式(10). 因为 $m_1 < m_2 < \cdots < m_k$,且 b 是偶数,故从式(2)(10) 可得
$$n = (b^{b^{m_1}}+1)(b^{b^{m_2}}+1)\cdots(b^{b^{m_k}}+1) = 1 + b^{b^{m_1}}t$$
其中 t 是适合 $\gcd(t,b)=1$ 的正奇数. 因此,整除关系
$$2b^{m_k} \mid (n-1) \tag{17}$$
成立的充要条件是
$$m_k \leqslant b^{m_1} - 1 \tag{18}$$

另外,根据引理 5 可知 b 对模 n 的指数等于 $2b^{m_k}$,所以从引理 1 可知 n 是底为 b 的伪素数的充要条件是整除关系(17) 式成立. 因此,从前面的分析可知该充要条件可等价地表述为式(18).

刘培杰数学工作室
已出版(即将出版)图书目录——初等数学

书　名	出版时间	定　价	编号
新编中学数学解题方法全书(高中版)上卷(第2版)	2018—08	58.00	951
新编中学数学解题方法全书(高中版)中卷(第2版)	2018—08	68.00	952
新编中学数学解题方法全书(高中版)下卷(一)(第2版)	2018—08	58.00	953
新编中学数学解题方法全书(高中版)下卷(二)(第2版)	2018—08	58.00	954
新编中学数学解题方法全书(高中版)下卷(三)(第2版)	2018—08	68.00	955
新编中学数学解题方法全书(初中版)上卷	2008—01	28.00	29
新编中学数学解题方法全书(初中版)中卷	2010—07	38.00	75
新编中学数学解题方法全书(高考复习卷)	2010—01	48.00	67
新编中学数学解题方法全书(高考真题卷)	2010—01	38.00	62
新编中学数学解题方法全书(高考精华卷)	2011—03	68.00	118
新编平面解析几何解题方法全书(专题讲座卷)	2010—01	18.00	61
新编中学数学解题方法全书(自主招生卷)	2013—08	88.00	261
数学奥林匹克与数学文化(第一辑)	2006—05	48.00	4
数学奥林匹克与数学文化(第二辑)(竞赛卷)	2008—01	48.00	19
数学奥林匹克与数学文化(第二辑)(文化卷)	2008—07	58.00	36'
数学奥林匹克与数学文化(第三辑)(竞赛卷)	2010—01	48.00	59
数学奥林匹克与数学文化(第四辑)(竞赛卷)	2011—08	58.00	87
数学奥林匹克与数学文化(第五辑)	2015—06	98.00	370
世界著名平面几何经典著作钩沉——几何作图专题卷(共3卷)	2022—01	198.00	1460
世界著名平面几何经典著作钩沉——民国平面几何老课本	2011—03	38.00	113
世界著名平面几何经典著作钩沉——建国初期平面三角老课本	2015—08	38.00	507
世界著名解析几何经典著作钩沉——平面解析几何卷	2014—01	38.00	264
世界著名数论经典著作钩沉——算术卷	2012—01	28.00	125
世界著名数学经典著作钩沉——立体几何卷	2011—02	28.00	88
世界著名三角学经典著作钩沉——平面三角卷Ⅰ	2010—06	28.00	69
世界著名三角学经典著作钩沉——平面三角卷Ⅱ	2011—01	38.00	78
世界著名初等数论经典著作钩沉——理论和实用算术卷	2011—07	38.00	126
世界著名几何经典著作钩沉——解析几何卷	2022—10	68.00	1564
发展你的空间想象力(第3版)	2021—01	98.00	1464
空间想象力进阶	2019—05	68.00	1062
走向国际数学奥林匹克的平面几何试题诠释.第1卷	2019—07	88.00	1043
走向国际数学奥林匹克的平面几何试题诠释.第2卷	2019—09	78.00	1044
走向国际数学奥林匹克的平面几何试题诠释.第3卷	2019—03	78.00	1045
走向国际数学奥林匹克的平面几何试题诠释.第4卷	2019—09	98.00	1046
平面几何证明方法全书	2007—08	48.00	1
平面几何证明方法全书习题解答(第2版)	2006—12	18.00	10
平面几何天天练上卷·基础篇(直线型)	2013—01	58.00	208
平面几何天天练中卷·基础篇(涉及圆)	2013—01	28.00	234
平面几何天天练下卷·提高篇	2013—01	58.00	237
平面几何专题研究	2013—07	98.00	258
平面几何解题之道.第1卷	2022—05	38.00	1494
几何学习题集	2020—10	48.00	1217
通过解题学习代数几何	2021—04	88.00	1301
最新世界各国数学奥林匹克中的平面几何试题	2007—09	38.00	14

刘培杰数学工作室
已出版(即将出版)图书目录——初等数学

书　名	出版时间	定价	编号
数学竞赛平面几何典型题及新颖解	2010—07	48.00	74
初等数学复习及研究(平面几何)	2008—09	68.00	38
初等数学复习及研究(立体几何)	2010—06	38.00	71
初等数学复习及研究(平面几何)习题解答	2009—01	58.00	42
几何学教程(平面几何卷)	2011—03	68.00	90
几何学教程(立体几何卷)	2011—07	68.00	130
几何变换与几何证题	2010—06	88.00	70
计算方法与几何证题	2011—06	28.00	129
立体几何技巧与方法(第2版)	2022—10	168.00	1572
几何瑰宝——平面几何500名题暨1500条定理(上、下)	2021—07	168.00	1358
三角形的解法与应用	2012—07	18.00	183
近代的三角形几何学	2012—07	48.00	184
一般折线几何学	2015—08	48.00	503
三角形的五心	2009—06	28.00	51
三角形的六心及其应用	2015—10	68.00	542
三角形趣谈	2012—08	28.00	212
解三角形	2014—01	28.00	265
三角函数	2024—04	38.00	1744
探秘三角形:一次数学旅行	2021—10	68.00	1387
三角学专门教程	2014—09	28.00	387
图天下几何新题试卷.初中(第2版)	2017—11	58.00	855
圆锥曲线习题集(上册)	2013—06	68.00	255
圆锥曲线习题集(中册)	2015—01	78.00	434
圆锥曲线习题集(下册·第1卷)	2016—10	78.00	683
圆锥曲线习题集(下册·第2卷)	2018—01	98.00	853
圆锥曲线习题集(下册·第3卷)	2019—10	128.00	1113
圆锥曲线的思想方法	2021—08	48.00	1379
圆锥曲线的八个主要问题	2021—10	48.00	1415
圆锥曲线的奥秘	2022—06	88.00	1541
论九点圆	2015—05	88.00	645
论圆的几何学	2024—06	48.00	1736
近代欧氏几何学	2012—03	48.00	162
罗巴切夫斯基几何学及几何基础概要	2012—07	28.00	188
罗巴切夫斯基几何学初步	2015—06	28.00	474
用三角、解析几何、复数、向量计算解数学竞赛几何题	2015—03	48.00	455
用解析法研究圆锥曲线的几何理论	2022—05	48.00	1495
美国中学几何教程	2015—04	88.00	458
三线坐标与三角形特征点	2015—04	98.00	460
坐标几何学基础.第1卷,笛卡儿坐标	2021—08	48.00	1398
坐标几何学基础.第2卷,三线坐标	2021—09	28.00	1399
平面解析几何方法与研究(第1卷)	2015—05	28.00	471
平面解析几何方法与研究(第2卷)	2015—06	38.00	472
平面解析几何方法与研究(第3卷)	2015—07	28.00	473
解析几何研究	2015—01	38.00	425
解析几何学教程.上	2016—01	38.00	574
解析几何学教程.下	2016—01	38.00	575
几何学基础	2016—01	58.00	581
初等几何研究	2015—02	58.00	444
十九和二十世纪欧氏几何学中的片段	2017—01	58.00	696
平面几何中考.高考.奥数一本通	2017—07	28.00	820
几何学简史	2017—08	28.00	833
四面体	2018—01	48.00	880
平面几何证明方法思路	2018—12	68.00	913
折纸中的几何练习	2022—09	48.00	1559
中学新几何学(英文)	2022—10	98.00	1562
线性代数与几何	2023—04	68.00	1633
四面体几何学引论	2023—06	68.00	1648

— 2 —

刘培杰数学工作室
已出版(即将出版)图书目录——初等数学

书　名	出版时间	定价	编号
平面几何图形特性新析.上篇	2019—01	68.00	911
平面几何图形特性新析.下篇	2018—06	88.00	912
平面几何范例多解探究.上篇	2018—04	48.00	910
平面几何范例多解探究.下篇	2018—12	68.00	914
从分析解题过程学解题：竞赛中的几何问题研究	2018—07	68.00	946
从分析解题过程学解题：竞赛中的向量几何与不等式研究(全2册)	2019—06	138.00	1090
从分析解题过程学解题：竞赛中的不等式问题	2021—01	48.00	1249
二维、三维欧氏几何的对偶原理	2018—12	38.00	990
星形大观及闭折线论	2019—03	68.00	1020
立体几何的问题和方法	2019—11	58.00	1127
三角代换论	2021—05	58.00	1313
俄罗斯平面几何问题集	2009—08	88.00	55
俄罗斯立体几何问题集	2014—03	58.00	283
俄罗斯几何大师——沙雷金论数学及其他	2014—01	48.00	271
来自俄罗斯的5000道几何习题及解答	2011—03	58.00	89
俄罗斯初等数学问题集	2012—05	38.00	177
俄罗斯函数问题集	2011—03	38.00	103
俄罗斯组合分析问题集	2011—01	48.00	79
俄罗斯初等数学万题选——三角卷	2012—11	38.00	222
俄罗斯初等数学万题选——代数卷	2013—08	68.00	225
俄罗斯初等数学万题选——几何卷	2014—01	68.00	226
俄罗斯《量子》杂志数学征解问题100题选	2018—08	48.00	969
俄罗斯《量子》杂志数学征解问题又100题选	2018—08	48.00	970
俄罗斯《量子》杂志数学征解问题	2020—05	48.00	1138
463个俄罗斯几何老问题	2012—01	28.00	152
《量子》数学短文精粹	2018—09	38.00	972
用三角、解析几何等计算解来自俄罗斯的几何题	2019—11	88.00	1119
基谢廖夫平面几何	2022—01	48.00	1461
基谢廖夫立体几何	2023—04	48.00	1599
数学：代数、数学分析和几何(10—11年级)	2021—01	48.00	1250
直观几何学：5—6年级	2022—04	58.00	1508
几何学：第2版.7—9年级	2023—08	68.00	1684
平面几何：9—11年级	2022—10	48.00	1571
立体几何.10—11年级	2022—01	58.00	1472
几何快递	2024—05	48.00	1697
谈谈素数	2011—03	18.00	91
平方和	2011—03	18.00	92
整数论	2011—05	38.00	120
从整数谈起	2015—10	28.00	538
数与多项式	2016—01	38.00	558
谈谈不定方程	2011—05	28.00	119
质数漫谈	2022—07	68.00	1529
解析不等式新论	2009—06	68.00	48
建立不等式的方法	2011—03	98.00	104
数学奥林匹克不等式研究(第2版)	2020—07	68.00	1181
不等式研究(第三辑)	2023—08	198.00	1673
不等式的秘密(第一卷)(第2版)	2014—02	38.00	286
不等式的秘密(第二卷)	2014—01	38.00	268
初等不等式的证明方法	2010—06	38.00	123
初等不等式的证明方法(第二版)	2014—11	38.00	407
不等式·理论·方法(基础卷)	2015—07	38.00	496
不等式·理论·方法(经典不等式卷)	2015—07	38.00	497
不等式·理论·方法(特殊类型不等式卷)	2015—07	48.00	498
不等式探究	2016—03	38.00	582
不等式探秘	2017—01	88.00	689

刘培杰数学工作室
已出版（即将出版）图书目录——初等数学

书　名	出版时间	定　价	编号
四面体不等式	2017—01	68.00	715
数学奥林匹克中常见重要不等式	2017—09	38.00	845
三正弦不等式	2018—09	98.00	974
函数方程与不等式：解法与稳定性结果	2019—04	68.00	1058
数学不等式．第1卷，对称多项式不等式	2022—05	78.00	1455
数学不等式．第2卷，对称有理不等式与对称无理不等式	2022—05	88.00	1456
数学不等式．第3卷，循环不等式与非循环不等式	2022—05	88.00	1457
数学不等式．第4卷，Jensen不等式的扩展与加细	2022—05	88.00	1458
数学不等式．第5卷，创建不等式与解不等式的其他方法	2022—05	88.00	1459
不定方程及其应用．上	2018—12	58.00	992
不定方程及其应用．中	2019—01	78.00	993
不定方程及其应用．下	2019—02	98.00	994
Nesbitt不等式加强式的研究	2022—06	128.00	1527
最值定理与分析不等式	2023—02	78.00	1567
一类积分不等式	2023—02	88.00	1579
邦费罗尼不等式及概率应用	2023—05	58.00	1637

书　名	出版时间	定　价	编号
同余理论	2012—05	38.00	163
[x]与{x}	2015—04	48.00	476
极值与最值．上卷	2015—06	28.00	486
极值与最值．中卷	2015—06	38.00	487
极值与最值．下卷	2015—06	28.00	488
整数的性质	2012—11	38.00	192
完全平方数及其应用	2015—08	78.00	506
多项式理论	2015—10	88.00	541
奇数、偶数、奇偶分析法	2018—01	98.00	876

书　名	出版时间	定　价	编号
历届美国中学生数学竞赛试题及解答（第1卷）1950～1954	2014—07	18.00	277
历届美国中学生数学竞赛试题及解答（第2卷）1955～1959	2014—04	18.00	278
历届美国中学生数学竞赛试题及解答（第3卷）1960～1964	2014—06	18.00	279
历届美国中学生数学竞赛试题及解答（第4卷）1965～1969	2014—04	28.00	280
历届美国中学生数学竞赛试题及解答（第5卷）1970～1972	2014—06	18.00	281
历届美国中学生数学竞赛试题及解答（第6卷）1973～1980	2017—07	18.00	768
历届美国中学生数学竞赛试题及解答（第7卷）1981～1986	2015—01	18.00	424
历届美国中学生数学竞赛试题及解答（第8卷）1987～1990	2017—05	18.00	769

书　名	出版时间	定　价	编号
历届国际数学奥林匹克试题集	2023—09	158.00	1701
历届中国数学奥林匹克试题集（第3版）	2021—10	58.00	1440
历届加拿大数学奥林匹克试题集	2012—08	38.00	215
历届美国数学奥林匹克试题集	2023—08	98.00	1681
历届波兰数学竞赛试题集．第1卷，1949～1963	2015—03	18.00	453
历届波兰数学竞赛试题集．第2卷，1964～1976	2015—03	18.00	454
历届巴尔干数学奥林匹克试题集	2015—05	38.00	466
历届CGMO试题及解答	2024—03	48.00	1717
保加利亚数学奥林匹克	2014—10	38.00	393
圣彼得堡数学奥林匹克试题集	2015—01	38.00	429
匈牙利奥林匹克数学竞赛题解．第1卷	2016—05	28.00	593
匈牙利奥林匹克数学竞赛题解．第2卷	2016—05	28.00	594
历届美国数学邀请赛试题集（第2版）	2017—10	78.00	851
全美高中数学竞赛：纽约州数学竞赛（1989—1994）	2024—08	48.00	1740
普林斯顿大学数学竞赛	2016—06	38.00	669
亚太地区数学奥林匹克竞赛题	2015—07	18.00	492
日本历届（初级）广中杯数学竞赛试题及解答．第1卷（2000～2007）	2016—05	28.00	641
日本历届（初级）广中杯数学竞赛试题及解答．第2卷（2008～2015）	2016—05	38.00	642
越南数学奥林匹克题选：1962—2009	2021—07	48.00	1370
罗马尼亚大师杯数学竞赛试题及解答	2024—09	48.00	1746
欧洲女子数学奥林匹克	2024—04	48.00	1723
360个数学竞赛问题	2016—08	58.00	677

刘培杰数学工作室
已出版(即将出版)图书目录——初等数学

书　名	出版时间	定　价	编号
奥数最佳实战题.上卷	2017—06	38.00	760
奥数最佳实战题.下卷	2017—05	58.00	761
解决问题的策略	2024—08	48.00	1742
哈尔滨市早期中学数学竞赛试题汇编	2016—07	28.00	672
全国高中数学联赛试题及解答:1981—2019(第4版)	2020—07	138.00	1176
2024年全国高中数学联合竞赛模拟题集	2024—01	38.00	1702
20世纪50年代全国部分城市数学竞赛试题汇编	2017—07	28.00	797
国内外数学竞赛题及精解:2018—2019	2020—08	45.00	1192
国内外数学竞赛题及精解:2019—2020	2021—11	58.00	1439
许康华竞赛优学精选集.第一辑	2018—08	68.00	949
天问叶班数学问题征解100题.Ⅰ,2016—2018	2019—05	88.00	1075
天问叶班数学问题征解100题.Ⅱ,2017—2019	2020—07	98.00	1177
美国初中数学竞赛:AMC8准备(共6卷)	2019—07	138.00	1089
美国高中数学竞赛:AMC10准备(共6卷)	2019—08	158.00	1105
中国数学奥林匹克国家集训队选拔试题背景研究	2015—01	78.00	1781
高考数学核心题型解题方法与技巧	2010—01	28.00	86
高考数学压轴题解题诀窍(上)(第2版)	2018—01	58.00	874
高考数学压轴题解题诀窍(下)(第2版)	2018—01	48.00	875
突破高考数学新定义创新压轴题	2024—08	88.00	1741
北京市五区文科数学三年高考模拟题详解:2013～2015	2015—08	48.00	500
北京市五区理科数学三年高考模拟题详解:2013～2015	2015—09	68.00	505
向量法巧解数学高考题	2009—08	28.00	54
高中数学课堂教学的实践与反思	2021—11	48.00	791
数学高考参考	2016—01	78.00	589
新课程标准高考数学解答题各种题型解法指导	2020—08	78.00	1196
全国及各省市高考数学试题审题要津与解法研究	2015—02	48.00	450
高中数学章节起始课的教学研究与案例设计	2019—05	28.00	1064
新课标高考数学——五年试题分章详解(2007～2011)(上、下)	2011—10	78.00	140,141
全国中考数学压轴题审题要津与解法研究	2013—04	78.00	248
新编全国及各省市中考数学压轴题审题要津与解法研究	2014—05	58.00	342
全国及各省市5年中考数学压轴题审题要津与解法研究(2015版)	2015—04	58.00	462
中考数学专题总复习	2007—04	28.00	6
中考数学较难题常考题型解题方法与技巧	2016—09	48.00	681
中考数学难题常考题型解题方法与技巧	2016—09	48.00	682
中考数学中档题常考题型解题方法与技巧	2017—08	68.00	835
中考数学选择填空压轴好题妙解365	2024—01	80.00	1698
中考数学:三类重点考题的解法例析与习题	2020—04	48.00	1140
中小学数学的历史文化	2019—11	48.00	1124
小升初衔接数学	2024—06	68.00	1734
赢在小升初——数学	2024—08	78.00	1739
初中平面几何百题多思创新解	2020—01	58.00	1125
初中数学中考备考	2020—01	58.00	1126
高考数学之九章演义	2019—08	68.00	1044
高考数学之难题谈笑间	2022—06	68.00	1519
化学可以这样学:高中化学知识方法智慧感悟疑难辨析	2019—07	58.00	1103
如何成为学习高手	2019—09	58.00	1107
高考数学:经典真题分类解析	2020—04	78.00	1134
高考数学解答题破解策略	2020—11	58.00	1221
从分析解题过程学解题:高考压轴题与竞赛题之关系探究	2020—08	88.00	1179
从分析解题过程学解题:数学高考与竞赛的互联互通探究	2024—06	88.00	1735
教学新思考:单元整体视角下的初中数学教学设计	2021—03	58.00	1278
思维再拓展:2020年经典几何题的多解探究与思考	即将出版		1279
十年高考数学试题创新与经典研究:基于高中数学大概念的视角	2024—10	58.00	1777
高中数学题型全解(全5册)	2024—10	298.00	1778
中考数学小压轴汇编初讲	2017—07	48.00	788
中考数学大压轴专题微言	2017—09	48.00	846

刘培杰数学工作室
已出版(即将出版)图书目录——初等数学

书 名	出版时间	定价	编号
怎么解中考平面几何探索题	2019—06	48.00	1093
北京中考数学压轴题解题方法突破(第10版)	2024—11	88.00	1780
助你高考成功的数学解题智慧:知识是智慧的基础	2016—01	58.00	596
助你高考成功的数学解题智慧:错误是智慧的试金石	2016—04	58.00	643
助你高考成功的数学解题智慧:方法是智慧的推手	2016—04	68.00	657
高考数学奇思妙解	2016—04	38.00	610
高考数学解题策略	2016—05	48.00	670
数学解题泄天机(第2版)	2017—10	48.00	850
高中物理教学讲义	2018—01	48.00	871
高中物理教学讲义:全模块	2022—03	98.00	1492
高中物理答疑解惑65篇	2021—11	48.00	1462
中学物理基础问题解析	2020—08	48.00	1183
初中数学、高中数学脱节知识补缺教材	2017—06	48.00	766
高考数学客观题解题方法和技巧	2017—10	38.00	847
十年高考数学精品试题审题要津与解法研究	2021—10	98.00	1427
中国历届高考数学试题及解答.1949—1979	2018—01	38.00	877
历届中国高考数学试题及解答.第二卷,1980—1989	2018—10	28.00	975
历届中国高考数学试题及解答.第三卷,1990—1999	2018—10	48.00	976
跟我学解高中数学题	2018—07	58.00	926
中学数学研究的方法及案例	2018—05	58.00	869
高考数学抢分技能	2018—07	68.00	934
高一新生常用数学方法和重要数学思想提升教材	2018—06	38.00	921
高考数学全国卷六道解答题常考题型解题诀窍:理科(全2册)	2019—07	78.00	1101
高考数学全国卷16道选择、填空题常考题型解题诀窍.理科	2018—09	88.00	971
高考数学全国卷16道选择、填空题常考题型解题诀窍.文科	2020—01	88.00	1123
高中数学一题多解	2019—06	58.00	1087
历届中国高考数学试题及解答:1917—1999	2021—08	118.00	1371
2000~2003年全国及各省市高考数学试题及解答	2022—05	88.00	1499
2004年全国及各省市高考数学试题及解答	2023—08	78.00	1500
2005年全国及各省市高考数学试题及解答	2023—08	78.00	1501
2006年全国及各省市高考数学试题及解答	2023—08	88.00	1502
2007年全国及各省市高考数学试题及解答	2023—08	98.00	1503
2008年全国及各省市高考数学试题及解答	2023—08	88.00	1504
2009年全国及各省市高考数学试题及解答	2023—08	88.00	1505
2010年全国及各省市高考数学试题及解答	2023—08	98.00	1506
2011~2017年全国及各省市高考数学试题及解答	2024—01	78.00	1507
2018~2023年全国及各省市高考数学试题及解答	2024—03	78.00	1709
突破高原:高中数学解题思维探究	2021—08	48.00	1375
高考数学中的"取值范围"	2021—10	48.00	1429
新课程标准高中数学各种题型解法大全.必修一分册	2021—06	58.00	1315
新课程标准高中数学各种题型解法大全.必修二分册	2022—01	68.00	1471
高中数学各种题型解法大全.选择性必修一分册	2022—06	68.00	1525
高中数学各种题型解法大全.选择性必修二分册	2023—01	58.00	1600
高中数学各种题型解法大全.选择性必修三分册	2023—04	48.00	1643
高中数学专题研究	2024—05	88.00	1722
历届全国初中数学竞赛经典试题详解	2023—04	88.00	1624
孟祥礼高考数学精刷精解	2023—06	98.00	1663
新编640个世界著名数学智力趣题	2014—01	88.00	242
500个最新世界著名数学智力趣题	2008—06	48.00	3
400个最新世界著名数学最值问题	2008—09	48.00	36
500个世界著名数学征解问题	2009—06	48.00	52
400个中国最佳初等数学征解老问题	2010—01	48.00	60
500个俄罗斯数学经典老题	2011—01	28.00	81
1000个国外中学物理好题	2012—04	48.00	174
300个日本高考数学题	2012—05	38.00	142
700个早期日本高考数学试题	2017—02	88.00	752

刘培杰数学工作室
已出版(即将出版)图书目录——初等数学

书　　名	出版时间	定　价	编号
500个前苏联早期高考数学试题及解答	2012—05	28.00	185
546个早期俄罗斯大学生数学竞赛题	2014—03	38.00	285
548个来自美苏的数学好问题	2014—11	28.00	396
20所苏联著名大学早期入学试题	2015—02	18.00	452
161道德国工科大学生必做的微分方程习题	2015—05	28.00	469
500个德国工科大学生必做的高数习题	2015—06	28.00	478
360个数学竞赛问题	2016—08	58.00	677
200个趣味数学故事	2018—02	48.00	857
470个数学奥林匹克中的最值问题	2018—10	88.00	985
德国讲义日本考题.微积分卷	2015—04	48.00	456
德国讲义日本考题.微分方程卷	2015—04	38.00	457
二十世纪中叶中、英、美、日、法、俄高考数学试题精选	2017—06	38.00	783
中国初等数学研究　2009卷(第1辑)	2009—05	20.00	45
中国初等数学研究　2010卷(第2辑)	2010—05	30.00	68
中国初等数学研究　2011卷(第3辑)	2011—07	60.00	127
中国初等数学研究　2012卷(第4辑)	2012—07	48.00	190
中国初等数学研究　2014卷(第5辑)	2014—02	48.00	288
中国初等数学研究　2015卷(第6辑)	2015—06	68.00	493
中国初等数学研究　2016卷(第7辑)	2016—04	68.00	609
中国初等数学研究　2017卷(第8辑)	2017—01	98.00	712
初等数学研究在中国.第1辑	2019—03	158.00	1024
初等数学研究在中国.第2辑	2019—10	158.00	1116
初等数学研究在中国.第3辑	2021—05	158.00	1306
初等数学研究在中国.第4辑	2022—06	158.00	1520
初等数学研究在中国.第5辑	2023—07	158.00	1635
几何变换(Ⅰ)	2014—07	28.00	353
几何变换(Ⅱ)	2015—06	28.00	354
几何变换(Ⅲ)	2015—01	38.00	355
几何变换(Ⅳ)	2015—12	38.00	356
初等数论难题集(第一卷)	2009—05	68.00	44
初等数论难题集(第二卷)(上、下)	2011—02	128.00	82,83
数论概貌	2011—03	18.00	93
代数数论(第二版)	2013—08	58.00	94
代数多项式	2014—06	38.00	289
初等数论的知识与问题	2011—02	28.00	95
超越数论基础	2011—03	28.00	96
数论初等教程	2011—03	28.00	97
数论基础	2011—03	18.00	98
数论基础与维诺格拉多夫	2014—05	18.00	292
解析数论基础	2012—08	28.00	216
解析数论基础(第二版)	2014—01	48.00	287
解析数论问题集(第二版)(原版引进)	2014—05	88.00	343
解析数论问题集(第二版)(中译本)	2016—04	88.00	607
解析数论基础(潘承洞,潘承彪著)	2016—07	98.00	673
解析数论导引	2016—07	58.00	674
数论入门	2011—03	38.00	99
代数数论入门	2015—03	38.00	448

刘培杰数学工作室
已出版(即将出版)图书目录——初等数学

书 名	出版时间	定 价	编号
数论开篇	2012—07	28.00	194
解析数论引论	2011—03	48.00	100
Barban Davenport Halberstam 均值和	2009—01	40.00	33
基础数论	2011—03	28.00	101
初等数论 100 例	2011—05	18.00	122
初等数论经典例题	2012—07	18.00	204
最新世界各国数学奥林匹克中的初等数论试题(上、下)	2012—01	138.00	144,145
初等数论(Ⅰ)	2012—01	18.00	156
初等数论(Ⅱ)	2012—01	18.00	157
初等数论(Ⅲ)	2012—01	28.00	158
平面几何与数论中未解决的新老问题	2013—01	68.00	229
代数数论简史	2014—11	28.00	408
代数数论	2015—09	88.00	532
代数、数论及分析习题集	2016—11	98.00	695
数论导引提要及习题解答	2016—01	48.00	559
素数定理的初等证明.第 2 版	2016—09	48.00	686
数论中的模函数与狄利克雷级数(第二版)	2017—11	78.00	837
数论:数学导引	2018—01	68.00	849
范氏大代数	2019—02	98.00	1016
解析数学讲义.第一卷,导来式及微分、积分、级数	2019—04	88.00	1021
解析数学讲义.第二卷,关于几何的应用	2019—04	68.00	1022
解析数学讲义.第三卷,解析函数论	2019—04	78.00	1023
分析·组合·数论纵横谈	2019—04	58.00	1039
Hall 代数:民国时期的中学数学课本:英文	2019—08	88.00	1106
基谢廖夫初等代数	2022—07	38.00	1531
基谢廖夫算术	2024—05	48.00	1725
数学精神巡礼	2019—01	58.00	731
数学眼光透视(第 2 版)	2017—06	78.00	732
数学思想领悟(第 2 版)	2018—01	68.00	733
数学方法溯源(第 2 版)	2018—08	68.00	734
数学解题引论	2017—05	58.00	735
数学史话览胜(第 2 版)	2017—01	48.00	736
数学应用展观(第 2 版)	2017—08	68.00	737
数学建模尝试	2018—04	48.00	738
数学竞赛采风	2018—01	68.00	739
数学测评探营	2019—05	58.00	740
数学技能操握	2018—03	48.00	741
数学欣赏拾趣	2018—02	48.00	742
从毕达哥拉斯到怀尔斯	2007—10	48.00	9
从迪利克雷到维斯卡尔迪	2008—01	48.00	21
从哥德巴赫到陈景润	2008—05	98.00	35
从庞加莱到佩雷尔曼	2011—08	138.00	136
博弈论精粹	2008—03	58.00	30
博弈论精粹.第二版(精装)	2015—01	88.00	461
数学 我爱你	2008—01	28.00	20
精神的圣徒 别样的人生——60 位中国数学家成长的历程	2008—09	48.00	39
数学史概论	2009—06	78.00	50

刘培杰数学工作室
已出版(即将出版)图书目录——初等数学

书　名	出版时间	定　价	编号
数学史概论(精装)	2013—03	158.00	272
数学史选讲	2016—01	48.00	544
斐波那契数列	2010—02	28.00	65
数学拼盘和斐波那契魔方	2010—07	38.00	72
斐波那契数列欣赏(第2版)	2018—08	58.00	948
Fibonacci数列中的明珠	2018—06	58.00	928
数学的创造	2011—02	48.00	85
数学美与创造力	2016—01	48.00	595
数海拾贝	2016—01	48.00	590
数学中的美(第2版)	2019—04	68.00	1057
数论中的美学	2014—12	38.00	351
数学王者　科学巨人——高斯	2015—01	28.00	428
振兴祖国数学的圆梦之旅:中国初等数学研究史话	2015—06	98.00	490
二十世纪中国数学史料研究	2015—10	48.00	536
《九章算法比类大全》校注	2024—06	198.00	1695
数字谜、数阵图与棋盘覆盖	2016—01	58.00	298
数学概念的进化:一个初步的研究	2023—07	68.00	1683
数学发现的艺术:数学探索中的合情推理	2016—07	58.00	671
活跃在数学中的参数	2016—07	48.00	675
数海趣史	2021—05	98.00	1314
玩转幻中之幻	2023—08	88.00	1682
数学艺术品	2023—09	98.00	1685
数学博弈与游戏	2023—10	68.00	1692
数学解题——靠数学思想给力(上)	2011—07	38.00	131
数学解题——靠数学思想给力(中)	2011—07	48.00	132
数学解题——靠数学思想给力(下)	2011—07	38.00	133
我怎样解题	2013—01	48.00	227
数学解题中的物理方法	2011—06	28.00	114
数学解题的特殊方法	2011—06	48.00	115
中学数学计算技巧(第2版)	2020—10	48.00	1220
中学数学证明方法	2012—01	58.00	117
数学趣题巧解	2012—03	28.00	128
高中数学教学通鉴	2015—05	58.00	479
和高中生漫谈:数学与哲学的故事	2014—08	28.00	369
算术问题集	2017—03	38.00	789
张教授讲数学	2018—07	38.00	933
陈永明实话实说数学教学	2020—04	68.00	1132
中学数学学科知识与教学能力	2020—06	58.00	1155
怎样把课讲好:大罕数学教学随笔	2022—03	58.00	1484
中国高考评价体系下高考数学探秘	2022—03	48.00	1487
数苑漫步	2024—01	58.00	1670
自主招生考试中的参数方程问题	2015—01	28.00	435
自主招生考试中的极坐标问题	2015—04	28.00	463
近年全国重点大学自主招生数学试题全解及研究.华约卷	2015—02	38.00	441
近年全国重点大学自主招生数学试题全解及研究.北约卷	2016—05	38.00	619
自主招生数学解证宝典	2015—09	48.00	535
中国科学技术大学创新班数学真题解析	2022—03	48.00	1488
中国科学技术大学创新班物理真题解析	2022—03	58.00	1489
格点和面积	2012—07	18.00	191
射影几何趣谈	2012—04	28.00	175
斯潘纳尔引理——从一道加拿大数学奥林匹克试题谈起	2014—01	28.00	228
李普希兹条件——从几道近年高考数学试题谈起	2012—10	18.00	221
拉格朗日中值定理——从一道北京高考试题的解法谈起	2015—10	18.00	197

刘培杰数学工作室
已出版(即将出版)图书目录——初等数学

书　　名	出版时间	定　价	编号
闵科夫斯基定理——从一道清华大学自主招生试题谈起	2014—01	28.00	198
哈尔测度——从一道冬令营试题的背景谈起	2012—08	28.00	202
切比雪夫逼近问题——从一道中国台北数学奥林匹克试题谈起	2013—04	38.00	238
伯恩斯坦多项式与贝齐尔曲面——从一道全国高中数学联赛试题谈起	2013—03	38.00	236
卡塔兰猜想——从一道普特南竞赛试题谈起	2013—06	18.00	256
麦卡锡函数和阿克曼函数——从一道前南斯拉夫数学奥林匹克试题谈起	2012—08	18.00	201
贝蒂定理与拉姆贝克莫斯尔定理——从一个拣石子游戏谈起	2012—08	18.00	217
皮亚诺曲线和豪斯道夫分球定理——从无限集谈起	2012—08	18.00	211
平面凸图形与凸多面体	2012—10	28.00	218
斯坦因豪斯问题——从一道二十五省市自治区中学数学竞赛试题谈起	2012—07	18.00	196
纽结理论中的亚历山大多项式与琼斯多项式——从一道北京市高一数学竞赛试题谈起	2012—07	28.00	195
原则与策略——从波利亚"解题表"谈起	2013—04	38.00	244
转化与化归——从三大尺规作图不能问题谈起	2012—08	28.00	214
代数几何中的贝祖定理(第一版)——从一道IMO试题的解法谈起	2013—08	18.00	193
成功连贯理论与约当块理论——从一道比利时数学竞赛试题谈起	2012—04	18.00	180
素数判定与大数分解	2014—08	18.00	199
置换多项式及其应用	2012—10	18.00	220
椭圆函数与模函数——从一道美国加州大学洛杉矶分校(UCLA)博士资格考题谈起	2012—10	28.00	219
差分方程的拉格朗日方法——从一道2011年全国高考理科试题的解法谈起	2012—08	28.00	200
力学在几何中的一些应用	2013—01	38.00	240
从根式解到伽罗华理论	2020—01	48.00	1121
康托洛维奇不等式——从一道全国高中联赛试题谈起	2013—03	28.00	337
拉克斯定理和阿廷定理——从一道IMO试题的解法谈起	2014—01	58.00	246
毕卡大定理——从一道美国大学数学竞赛试题谈起	2014—07	18.00	350
拉格朗日乘子定理——从一道2005年全国高中联赛试题的高等数学解法谈起	2015—05	28.00	480
雅可比定理——从一道日本数学奥林匹克试题谈起	2013—04	48.00	249
李天岩—约克定理——从一道波兰数学竞赛试题谈起	2014—06	28.00	349
受控理论与初等不等式：从一道IMO试题的解法谈起	2023—03	48.00	1601
布劳维不动点定理——从一道前苏联数学奥林匹克试题谈起	2014—01	38.00	273
莫德尔—韦伊定理——从一道日本数学奥林匹克试题谈起	2024—10	48.00	1602
斯蒂尔杰斯积分——从一道国际大学生数学竞赛试题的解法谈起	2024—10	68.00	1605
切博塔廖夫猜想——从一道1978年全国高中数学竞赛试题谈起	2024—10	38.00	1606
卡西尼卵形线：从一道高中数学期中考试试题谈起	2024—10	48.00	1607
格罗斯问题：亚纯函数的唯一性问题	2024—10	48.00	1608
布格尔问题——从一道第6届全国中学生物理竞赛预赛试题谈起	2024—09	68.00	1609
多项式逼近问题——从一道美国大学生数学竞赛试题谈起	2024—10	48.00	1748
中国剩余定理：总数法构建中国历史年表	2015—01	28.00	430
斯特林公式：从一道2023年高考数学(天津卷)试题的背景谈起	2025—01	28.00	1754
分圆多项式：从一道美国国家队选拔考试试题的解法谈起	2025—01	48.00	1786
卢丁定理——从一道冬令营试题的解法谈起	即将出版		
沃斯滕霍姆定理——从一道IMO预选试题谈起	即将出版		
卡尔松不等式——从一道莫斯科数学奥林匹克试题谈起	即将出版		
信息论中的香农熵——从一道近年高考压轴题谈起			

刘培杰数学工作室
已出版(即将出版)图书目录——初等数学

书　　名	出版时间	定价	编号
约当不等式——从一道希望杯竞赛试题谈起	即将出版		
拉比诺维奇定理	即将出版		
刘维尔定理——从一道《美国数学月刊》征解问题的解法谈起	即将出版		
卡塔兰恒等式与级数求和——从一道IMO试题的解法谈起	即将出版		
勒让德猜想与素数分布——从一道爱尔兰竞赛试题谈起	即将出版		
天平称重与信息论——从一道基辅市数学奥林匹克试题谈起	即将出版		
哈密尔顿-凯莱定理：从一道高中数学联赛试题的解法谈起	2014-09	18.00	376
艾思特曼定理——从一道CMO试题的解法谈起	即将出版		
阿贝尔恒等式与经典不等式及应用	2018-06	98.00	923
迪利克雷除数问题	2018-07	48.00	930
幻方、幻立方与拉丁方	2019-08	48.00	1092
帕斯卡三角形	2014-03	18.00	294
蒲丰投针问题——从2009年清华大学的一道自主招生试题谈起	2014-01	38.00	295
斯图姆定理——从一道"华约"自主招生试题的解法谈起	2014-01	18.00	296
许瓦兹引理——从一道加利福尼亚大学伯克利分校数学系博士生试题谈起	2014-08	18.00	297
拉姆塞定理——从王诗宬院士的一个问题谈起	2016-04	48.00	299
坐标法	2013-12	28.00	332
数论三角形	2014-04	38.00	341
毕克定理	2014-07	18.00	352
数林掠影	2014-09	48.00	389
我们周围的概率	2014-10	38.00	390
凸函数最值定理：从一道华约自主招生题的解法谈起	2014-10	28.00	391
易学与数学奥林匹克	2014-10	38.00	392
生物数学趣谈	2015-01	18.00	409
反演	2015-01	28.00	420
因式分解与圆锥曲线	2015-01	18.00	426
轨迹	2015-01	28.00	427
面积原理：从常庚哲命的一道CMO试题的积分解法谈起	2015-01	48.00	431
形形色色的不动点定理：从一道28届IMO试题谈起	2015-01	38.00	439
柯西函数方程：从一道上海交大自主招生的试题谈起	2015-02	28.00	440
三角恒等式	2015-02	28.00	442
无理性判定：从一道2014年"北约"自主招生试题谈起	2015-01	38.00	443
数学归纳法	2015-03	18.00	451
极端原理与解题	2015-04	28.00	464
法雷级数	2014-08	18.00	367
摆线族	2015-01	38.00	438
函数方程及其解法	2015-05	38.00	470
含参数的方程和不等式	2012-09	28.00	213
希尔伯特第十问题	2016-01	38.00	543
无穷小量的求和	2016-01	28.00	545
切比雪夫多项式：从一道清华大学金秋营试题谈起	2016-01	38.00	583
泽肯多夫定理	2016-03	38.00	599
代数等式证题法	2016-01	28.00	600
三角等式证题法	2016-01	28.00	601
吴大任教授藏书中的一个因式分解公式：从一道美国数学邀请赛试题的解法谈起	2016-06	28.00	656
易卦——类万物的数学模型	2017-08	68.00	838
"不可思议"的数与数系可持续发展	2018-01	38.00	878
最短线	2018-01	38.00	879
数学在天文、地理、光学、机械力学中的一些应用	2023-03	88.00	1576
从阿基米德三角形谈起	2023-01	28.00	1578

刘培杰数学工作室
已出版(即将出版)图书目录——初等数学

书　　名	出版时间	定　价	编号
幻方和魔方(第一卷)	2012—05	68.00	173
尘封的经典——初等数学经典文献选读(第一卷)	2012—07	48.00	205
尘封的经典——初等数学经典文献选读(第二卷)	2012—07	38.00	206
初级方程式论	2011—03	28.00	106
初等数学研究(Ⅰ)	2008—09	68.00	37
初等数学研究(Ⅱ)(上、下)	2009—05	118.00	46,47
初等数学专题研究	2022—10	68.00	1568
趣味初等方程妙题集锦	2014—09	48.00	388
趣味初等数论选美与欣赏	2015—02	48.00	445
耕读笔记(上卷):一位农民数学爱好者的初数探索	2015—04	28.00	459
耕读笔记(中卷):一位农民数学爱好者的初数探索	2015—05	28.00	483
耕读笔记(下卷):一位农民数学爱好者的初数探索	2015—05	28.00	484
几何不等式研究与欣赏.上卷	2016—01	88.00	547
几何不等式研究与欣赏.下卷	2016—01	48.00	552
初等数列研究与欣赏·上	2016—01	48.00	570
初等数列研究与欣赏·下	2016—01	48.00	571
趣味初等函数研究与欣赏.上	2016—09	48.00	684
趣味初等函数研究与欣赏.下	2018—09	48.00	685
三角不等式研究与欣赏	2020—10	68.00	1197
新编平面解析几何解题方法研究与欣赏	2021—10	78.00	1426
火柴游戏(第2版)	2022—05	38.00	1493
智力解谜.第1卷	2017—07	38.00	613
智力解谜.第2卷	2017—07	38.00	614
故事智力	2016—07	48.00	615
名人们喜欢的智力问题	2020—01	48.00	616
数学大师的发现、创造与失误	2018—01	48.00	617
异曲同工	2018—09	48.00	618
数学的味道(第2版)	2023—10	68.00	1686
数学千字文	2018—10	68.00	977
数贝偶拾——高考数学题研究	2014—04	28.00	274
数贝偶拾——初等数学研究	2014—04	38.00	275
数贝偶拾——奥数题研究	2014—04	48.00	276
钱昌本教你快乐学数学(上)	2011—12	48.00	155
钱昌本教你快乐学数学(下)	2012—03	58.00	171
集合、函数与方程	2014—01	28.00	300
数列与不等式	2014—01	38.00	301
三角与平面向量	2014—01	28.00	302
平面解析几何	2014—01	38.00	303
立体几何与组合	2014—01	28.00	304
极限与导数、数学归纳法	2014—01	38.00	305
趣味数学	2014—03	28.00	306
教材教法	2014—04	68.00	307
自主招生	2014—05	58.00	308
高考压轴题(上)	2015—01	48.00	309
高考压轴题(下)	2014—10	68.00	310

刘培杰数学工作室
已出版(即将出版)图书目录——初等数学

书　　名	出版时间	定　价	编号
从费马到怀尔斯——费马大定理的历史	2013—10	198.00	I
从庞加莱到佩雷尔曼——庞加莱猜想的历史	2013—10	298.00	II
从切比雪夫到爱尔特希(上)——素数定理的初等证明	2013—07	48.00	III
从切比雪夫到爱尔特希(下)——素数定理100年	2012—12	98.00	III
从高斯到盖尔方特——二次域的高斯猜想	2013—10	198.00	IV
从库默尔到朗兰兹——朗兰兹猜想的历史	2014—01	98.00	V
从比勃巴赫到德布朗斯——比勃巴赫猜想的历史	2014—02	298.00	VI
从麦比乌斯到陈省身——麦比乌斯变换与麦比乌斯带	2014—02	298.00	VII
从布尔到豪斯道夫——布尔方程与格论漫谈	2013—10	198.00	VIII
从开普勒到阿诺德——三体问题的历史	2014—05	298.00	IX
从华林到华罗庚——华林问题的历史	2013—10	298.00	X
美国高中数学竞赛五十讲.第1卷(英文)	2014—08	28.00	357
美国高中数学竞赛五十讲.第2卷(英文)	2014—08	28.00	358
美国高中数学竞赛五十讲.第3卷(英文)	2014—09	28.00	359
美国高中数学竞赛五十讲.第4卷(英文)	2014—09	28.00	360
美国高中数学竞赛五十讲.第5卷(英文)	2014—10	28.00	361
美国高中数学竞赛五十讲.第6卷(英文)	2014—11	28.00	362
美国高中数学竞赛五十讲.第7卷(英文)	2014—12	28.00	363
美国高中数学竞赛五十讲.第8卷(英文)	2015—01	28.00	364
美国高中数学竞赛五十讲.第9卷(英文)	2015—01	28.00	365
美国高中数学竞赛五十讲.第10卷(英文)	2015—02	38.00	366
三角函数(第2版)	2017—04	38.00	626
不等式	2014—01	38.00	312
数列	2014—01	38.00	313
方程(第2版)	2017—04	38.00	624
排列和组合	2014—01	28.00	315
极限与导数(第2版)	2016—04	38.00	635
向量(第2版)	2018—08	58.00	627
复数及其应用	2014—08	28.00	318
函数	2014—01	38.00	319
集合	2020—01	48.00	320
直线与平面	2014—01	28.00	321
立体几何(第2版)	2016—04	38.00	629
解三角形	即将出版		323
直线与圆(第2版)	2016—11	38.00	631
圆锥曲线(第2版)	2016—09	48.00	632
解题通法(一)	2014—07	38.00	326
解题通法(二)	2014—07	38.00	327
解题通法(三)	2014—05	38.00	328
概率与统计	2014—01	28.00	329
信息迁移与算法	即将出版		330

刘培杰数学工作室
已出版(即将出版)图书目录——初等数学

书　名	出版时间	定　价	编号
IMO 50 年.第 1 卷(1959—1963)	2014—11	28.00	377
IMO 50 年.第 2 卷(1964—1968)	2014—11	28.00	378
IMO 50 年.第 3 卷(1969—1973)	2014—09	28.00	379
IMO 50 年.第 4 卷(1974—1978)	2016—04	38.00	380
IMO 50 年.第 5 卷(1979—1984)	2015—04	38.00	381
IMO 50 年.第 6 卷(1985—1989)	2015—04	58.00	382
IMO 50 年.第 7 卷(1990—1994)	2016—01	48.00	383
IMO 50 年.第 8 卷(1995—1999)	2016—06	38.00	384
IMO 50 年.第 9 卷(2000—2004)	2015—04	58.00	385
IMO 50 年.第 10 卷(2005—2009)	2016—01	48.00	386
IMO 50 年.第 11 卷(2010—2015)	2017—03	48.00	646
数学反思(2006—2007)	2020—09	88.00	915
数学反思(2008—2009)	2019—01	68.00	917
数学反思(2010—2011)	2018—05	58.00	916
数学反思(2012—2013)	2019—01	58.00	918
数学反思(2014—2015)	2019—03	78.00	919
数学反思(2016—2017)	2021—03	58.00	1286
数学反思(2018—2019)	2023—01	88.00	1593
历届美国大学生数学竞赛试题集.第一卷(1938—1949)	2015—01	28.00	397
历届美国大学生数学竞赛试题集.第二卷(1950—1959)	2015—01	28.00	398
历届美国大学生数学竞赛试题集.第三卷(1960—1969)	2015—01	28.00	399
历届美国大学生数学竞赛试题集.第四卷(1970—1979)	2015—01	18.00	400
历届美国大学生数学竞赛试题集.第五卷(1980—1989)	2015—01	28.00	401
历届美国大学生数学竞赛试题集.第六卷(1990—1999)	2015—01	28.00	402
历届美国大学生数学竞赛试题集.第七卷(2000—2009)	2015—08	18.00	403
历届美国大学生数学竞赛试题集.第八卷(2010—2012)	2015—01	18.00	404
新课标高考数学创新题解题诀窍:总论	2014—09	28.00	372
新课标高考数学创新题解题诀窍:必修 1~5 分册	2014—08	38.00	373
新课标高考数学创新题解题诀窍:选修 2—1,2—2,1—1, 1—2分册	2014—09	38.00	374
新课标高考数学创新题解题诀窍:选修 2—3,4—4,4—5 分册	2014—09	18.00	375
全国重点大学自主招生英文数学试题全攻略:词汇卷	2015—07	48.00	410
全国重点大学自主招生英文数学试题全攻略:概念卷	2015—01	28.00	411
全国重点大学自主招生英文数学试题全攻略:文章选读卷(上)	2016—09	38.00	412
全国重点大学自主招生英文数学试题全攻略:文章选读卷(下)	2017—01	58.00	413
全国重点大学自主招生英文数学试题全攻略:试题卷	2015—07	38.00	414
全国重点大学自主招生英文数学试题全攻略:名著欣赏卷	2017—03	48.00	415
劳埃德数学趣题大全.题目卷.1:英文	2016—01	18.00	516
劳埃德数学趣题大全.题目卷.2:英文	2016—01	18.00	517
劳埃德数学趣题大全.题目卷.3:英文	2016—01	18.00	518
劳埃德数学趣题大全.题目卷.4:英文	2016—01	18.00	519
劳埃德数学趣题大全.题目卷.5:英文	2016—01	18.00	520
劳埃德数学趣题大全.答案卷:英文	2016—01	18.00	521

刘培杰数学工作室
已出版(即将出版)图书目录——初等数学

书　　名	出版时间	定　价	编号
李成章教练奥数笔记.第1卷	2016—01	48.00	522
李成章教练奥数笔记.第2卷	2016—01	48.00	523
李成章教练奥数笔记.第3卷	2016—01	38.00	524
李成章教练奥数笔记.第4卷	2016—01	38.00	525
李成章教练奥数笔记.第5卷	2016—01	38.00	526
李成章教练奥数笔记.第6卷	2016—01	38.00	527
李成章教练奥数笔记.第7卷	2016—01	38.00	528
李成章教练奥数笔记.第8卷	2016—01	48.00	529
李成章教练奥数笔记.第9卷	2016—01	28.00	530
第19～23届"希望杯"全国数学邀请赛试题审题要津详细评注(初一版)	2014—03	28.00	333
第19～23届"希望杯"全国数学邀请赛试题审题要津详细评注(初二、初三版)	2014—03	38.00	334
第19～23届"希望杯"全国数学邀请赛试题审题要津详细评注(高一版)	2014—03	28.00	335
第19～23届"希望杯"全国数学邀请赛试题审题要津详细评注(高二版)	2014—03	38.00	336
第19～25届"希望杯"全国数学邀请赛试题审题要津详细评注(初一版)	2015—01	38.00	416
第19～25届"希望杯"全国数学邀请赛试题审题要津详细评注(初二、初三版)	2015—01	58.00	417
第19～25届"希望杯"全国数学邀请赛试题审题要津详细评注(高一版)	2015—01	48.00	418
第19～25届"希望杯"全国数学邀请赛试题审题要津详细评注(高二版)	2015—01	48.00	419
物理奥林匹克竞赛大题典——力学卷	2014—11	48.00	405
物理奥林匹克竞赛大题典——热学卷	2014—04	28.00	339
物理奥林匹克竞赛大题典——电磁学卷	2015—07	48.00	406
物理奥林匹克竞赛大题典——光学与近代物理卷	2014—06	28.00	345
历届中国东南地区数学奥林匹克试题及解答	2024—06	68.00	1724
历届中国西部地区数学奥林匹克试题集(2001～2012)	2014—07	18.00	347
历届中国女子数学奥林匹克试题集(2002～2012)	2014—08	18.00	348
数学奥林匹克在中国	2014—06	98.00	344
数学奥林匹克问题集	2014—01	38.00	267
数学奥林匹克不等式散论	2010—06	38.00	124
数学奥林匹克不等式欣赏	2011—09	38.00	138
数学奥林匹克超级题库(初中卷上)	2010—01	58.00	66
数学奥林匹克不等式证明方法和技巧(上、下)	2011—08	158.00	134,135
他们学什么:原民主德国中学数学课本	2016—09	38.00	658
他们学什么:英国中学数学课本	2016—09	38.00	659
他们学什么:法国中学数学课本.1	2016—09	38.00	660
他们学什么:法国中学数学课本.2	2016—09	28.00	661
他们学什么:法国中学数学课本.3	2016—09	38.00	662
他们学什么:苏联中学数学课本	2016—09	28.00	679

刘培杰数学工作室
已出版(即将出版)图书目录——初等数学

书　名	出版时间	定　价	编号
高中数学题典——集合与简易逻辑·函数	2016—07	48.00	647
高中数学题典——导数	2016—07	48.00	648
高中数学题典——三角函数·平面向量	2016—07	48.00	649
高中数学题典——数列	2016—07	58.00	650
高中数学题典——不等式·推理与证明	2016—07	38.00	651
高中数学题典——立体几何	2016—07	48.00	652
高中数学题典——平面解析几何	2016—07	78.00	653
高中数学题典——计数原理·统计·概率·复数	2016—07	48.00	654
高中数学题典——算法·平面几何·初等数论·组合数学·其他	2016—07	68.00	655
台湾地区奥林匹克数学竞赛试题.小学一年级	2017—03	38.00	722
台湾地区奥林匹克数学竞赛试题.小学二年级	2017—03	38.00	723
台湾地区奥林匹克数学竞赛试题.小学三年级	2017—03	38.00	724
台湾地区奥林匹克数学竞赛试题.小学四年级	2017—03	38.00	725
台湾地区奥林匹克数学竞赛试题.小学五年级	2017—03	38.00	726
台湾地区奥林匹克数学竞赛试题.小学六年级	2017—03	38.00	727
台湾地区奥林匹克数学竞赛试题.初中一年级	2017—03	38.00	728
台湾地区奥林匹克数学竞赛试题.初中二年级	2017—03	38.00	729
台湾地区奥林匹克数学竞赛试题.初中三年级	2017—03	28.00	730
不等式证题法	2017—04	28.00	747
平面几何培优教程	2019—08	88.00	748
奥数鼎级培优教程.高一分册	2018—09	88.00	749
奥数鼎级培优教程.高二分册.上	2018—04	68.00	750
奥数鼎级培优教程.高二分册.下	2018—04	68.00	751
高中数学竞赛冲刺宝典	2019—04	68.00	883
初中尖子生数学超级题典.实数	2017—07	58.00	792
初中尖子生数学超级题典.式、方程与不等式	2017—08	58.00	793
初中尖子生数学超级题典.圆、面积	2017—08	38.00	794
初中尖子生数学超级题典.函数、逻辑推理	2017—08	48.00	795
初中尖子生数学超级题典.角、线段、三角形与多边形	2017—07	58.00	796
数学王子——高斯	2018—01	48.00	858
坎坷奇星——阿贝尔	2018—01	48.00	859
闪烁奇星——伽罗瓦	2018—01	58.00	860
无穷统帅——康托尔	2018—01	48.00	861
科学公主——柯瓦列夫斯卡娅	2018—01	48.00	862
抽象代数之母——埃米·诺特	2018—01	48.00	863
电脑先驱——图灵	2018—01	58.00	864
昔日神童——维纳	2018—01	48.00	865
数坛怪侠——爱尔特希	2018—01	68.00	866
传奇数学家徐利治	2019—09	88.00	1110

刘培杰数学工作室
已出版(即将出版)图书目录——初等数学

书　　名	出版时间	定　价	编号
当代世界中的数学.数学思想与数学基础	2019-01	38.00	892
当代世界中的数学.数学问题	2019-01	38.00	893
当代世界中的数学.应用数学与数学应用	2019-01	38.00	894
当代世界中的数学.数学王国的新疆域(一)	2019-01	38.00	895
当代世界中的数学.数学王国的新疆域(二)	2019-01	38.00	896
当代世界中的数学.数林撷英(一)	2019-01	38.00	897
当代世界中的数学.数林撷英(二)	2019-01	48.00	898
当代世界中的数学.数学之路	2019-01	38.00	899

书　　名	出版时间	定　价	编号
105个代数问题:来自AwesomeMath夏季课程	2019-02	58.00	956
106个几何问题:来自AwesomeMath夏季课程	2020-07	58.00	957
107个几何问题:来自AwesomeMath全年课程	2020-07	58.00	958
108个代数问题:来自AwesomeMath全年课程	2019-01	68.00	959
109个不等式:来自AwesomeMath夏季课程	2019-04	58.00	960
110个几何问题:选自各国数学奥林匹克竞赛	2024-04	58.00	961
111个代数和数论问题	2019-05	58.00	962
112个组合问题:来自AwesomeMath夏季课程	2019-05	58.00	963
113个几何不等式:来自AwesomeMath夏季课程	2020-08	58.00	964
114个指数和对数问题:来自AwesomeMath夏季课程	2019-09	48.00	965
115个三角问题:来自AwesomeMath夏季课程	2019-09	58.00	966
116个代数不等式:来自AwesomeMath全年课程	2019-04	58.00	967
117个多项式问题:来自AwesomeMath夏季课程	2021-09	58.00	1409
118个数学竞赛不等式	2022-08	78.00	1526
119个三角问题	2024-05	58.00	1726
119个三角问题	2024-05	58.00	1726

书　　名	出版时间	定　价	编号
紫色彗星国际数学竞赛试题	2019-02	58.00	999
数学竞赛中的数学:为数学爱好者、父母、教师和教练准备的丰富资源.第一部	2020-04	58.00	1141
数学竞赛中的数学:为数学爱好者、父母、教师和教练准备的丰富资源.第二部	2020-07	48.00	1142
和与积	2020-10	38.00	1219
数论:概念和问题	2020-12	68.00	1257
初等数学问题研究	2021-03	48.00	1270
数学奥林匹克中的欧几里得几何	2021-10	68.00	1413
数学奥林匹克题解新编	2022-01	58.00	1430
图论入门	2022-09	58.00	1554
新的、更新的、最新的不等式	2023-07	58.00	1650
几何不等式相关问题	2024-04	58.00	1721
数学归纳法——一种高效而简捷的证明方法	2024-06	48.00	1738
数学竞赛中奇妙的多项式	2024-01	78.00	1646
120个奇妙的代数问题及20个奖励问题	2024-04	48.00	1647
几何不等式相关问题	2024-04	58.00	1721
数学竞赛中的十个代数主题	2024-10	58.00	1745
AwesomeMath入学测试题:前九年:2006—2014	2024-11	38.00	1644
AwesomeMath入学测试题:接下来的七年:2015—2021	2024-12	48.00	1782

刘培杰数学工作室
已出版(即将出版)图书目录——初等数学

书　名	出版时间	定　价	编号
澳大利亚中学数学竞赛试题及解答(初级卷)1978~1984	2019-02	28.00	1002
澳大利亚中学数学竞赛试题及解答(初级卷)1985~1991	2019-02	28.00	1003
澳大利亚中学数学竞赛试题及解答(初级卷)1992~1998	2019-02	28.00	1004
澳大利亚中学数学竞赛试题及解答(初级卷)1999~2005	2019-02	28.00	1005
澳大利亚中学数学竞赛试题及解答(中级卷)1978~1984	2019-03	28.00	1006
澳大利亚中学数学竞赛试题及解答(中级卷)1985~1991	2019-03	28.00	1007
澳大利亚中学数学竞赛试题及解答(中级卷)1992~1998	2019-03	28.00	1008
澳大利亚中学数学竞赛试题及解答(中级卷)1999~2005	2019-03	28.00	1009
澳大利亚中学数学竞赛试题及解答(高级卷)1978~1984	2019-05	28.00	1010
澳大利亚中学数学竞赛试题及解答(高级卷)1985~1991	2019-05	28.00	1011
澳大利亚中学数学竞赛试题及解答(高级卷)1992~1998	2019-05	28.00	1012
澳大利亚中学数学竞赛试题及解答(高级卷)1999~2005	2019-05	28.00	1013
天才中小学生智力测验题.第一卷	2019-03	38.00	1026
天才中小学生智力测验题.第二卷	2019-03	38.00	1027
天才中小学生智力测验题.第三卷	2019-03	38.00	1028
天才中小学生智力测验题.第四卷	2019-03	38.00	1029
天才中小学生智力测验题.第五卷	2019-03	38.00	1030
天才中小学生智力测验题.第六卷	2019-03	38.00	1031
天才中小学生智力测验题.第七卷	2019-03	38.00	1032
天才中小学生智力测验题.第八卷	2019-03	38.00	1033
天才中小学生智力测验题.第九卷	2019-03	38.00	1034
天才中小学生智力测验题.第十卷	2019-03	38.00	1035
天才中小学生智力测验题.第十一卷	2019-03	38.00	1036
天才中小学生智力测验题.第十二卷	2019-03	38.00	1037
天才中小学生智力测验题.第十三卷	2019-03	38.00	1038
重点大学自主招生数学备考全书:函数	2020-05	48.00	1047
重点大学自主招生数学备考全书:导数	2020-08	48.00	1048
重点大学自主招生数学备考全书:数列与不等式	2019-10	78.00	1049
重点大学自主招生数学备考全书:三角函数与平面向量	2020-08	68.00	1050
重点大学自主招生数学备考全书:平面解析几何	2020-07	58.00	1051
重点大学自主招生数学备考全书:立体几何与平面几何	2019-08	48.00	1052
重点大学自主招生数学备考全书:排列组合・概率统计・复数	2019-09	48.00	1053
重点大学自主招生数学备考全书:初等数论与组合数学	2019-08	48.00	1054
重点大学自主招生数学备考全书:重点大学自主招生真题.上	2019-04	68.00	1055
重点大学自主招生数学备考全书:重点大学自主招生真题.下	2019-04	58.00	1056
高中数学竞赛培训教程:平面几何问题的求解方法与策略.上	2018-05	68.00	906
高中数学竞赛培训教程:平面几何问题的求解方法与策略.下	2018-06	78.00	907
高中数学竞赛培训教程:整除与同余以及不定方程	2018-01	88.00	908
高中数学竞赛培训教程:组合计数与组合极值	2018-04	48.00	909
高中数学竞赛培训教程:初等代数	2019-04	78.00	1042
高中数学讲座:数学竞赛基础教程(第一册)	2019-06	48.00	1094
高中数学讲座:数学竞赛基础教程(第二册)	即将出版		1095
高中数学讲座:数学竞赛基础教程(第三册)	即将出版		1096
高中数学讲座:数学竞赛基础教程(第四册)	即将出版		1097

刘培杰数学工作室
已出版（即将出版）图书目录——初等数学

书　名	出版时间	定　价	编号
新编中学数学解题方法 1000 招丛书.实数(初中版)	2022－05	58.00	1291
新编中学数学解题方法 1000 招丛书.式(初中版)	2022－05	48.00	1292
新编中学数学解题方法 1000 招丛书.方程与不等式(初中版)	2021－04	58.00	1293
新编中学数学解题方法 1000 招丛书.函数(初中版)	2022－05	38.00	1294
新编中学数学解题方法 1000 招丛书.角(初中版)	2022－05	48.00	1295
新编中学数学解题方法 1000 招丛书.线段(初中版)	2022－05	48.00	1296
新编中学数学解题方法 1000 招丛书.三角形与多边形(初中版)	2021－04	48.00	1297
新编中学数学解题方法 1000 招丛书.圆(初中版)	2022－05	48.00	1298
新编中学数学解题方法 1000 招丛书.面积(初中版)	2021－07	28.00	1299
新编中学数学解题方法 1000 招丛书.逻辑推理(初中版)	2022－06	48.00	1300
高中数学题典精编.第一辑.函数	2022－01	58.00	1444
高中数学题典精编.第一辑.导数	2022－01	68.00	1445
高中数学题典精编.第一辑.三角函数·平面向量	2022－01	68.00	1446
高中数学题典精编.第一辑.数列	2022－01	58.00	1447
高中数学题典精编.第一辑.不等式·推理与证明	2022－01	58.00	1448
高中数学题典精编.第一辑.立体几何	2022－01	58.00	1449
高中数学题典精编.第一辑.平面解析几何	2022－01	68.00	1450
高中数学题典精编.第一辑.统计·概率·平面几何	2022－01	58.00	1451
高中数学题典精编.第一辑.初等数论·组合数学·数学文化·解题方法	2022－01	58.00	1452
历届全国初中数学竞赛试题分类解析.初等代数	2022－09	98.00	1555
历届全国初中数学竞赛试题分类解析.初等数论	2022－09	48.00	1556
历届全国初中数学竞赛试题分类解析.平面几何	2022－09	38.00	1557
历届全国初中数学竞赛试题分类解析.组合	2022－09	38.00	1558
从三道高三数学模拟题的背景谈起：兼谈傅里叶三角级数	2023－03	48.00	1651
从一道日本东京大学的入学试题谈起：兼谈 π 的方方面面	2025－01	68.00	1652
从两道 2021 年福建高三数学测试题谈起：兼谈球面几何学与球面三角学	即将出版		1653
从一道湖南高考数学试题谈起：兼谈有界变差数列	2024－01	48.00	1654
从一道高校自主招生试题谈起：兼谈詹森函数方程	即将出版		1655
从一道上海高考数学试题谈起：兼谈有界变差函数	即将出版		1656
从一道北京大学金秋营数学试题的解法谈起：兼谈伽罗瓦理论	2024－10	38.00	1657
从一道北京高考数学试题的解法谈起：兼谈毕克定理	即将出版		1658
从一道北京大学金秋营数学试题的解法谈起：兼谈帕塞瓦尔恒等式	2024－10	68.00	1659
从一道高三数学模拟测试题的背景谈起：兼谈等周问题与等周不等式	即将出版		1660
从一道 2020 年全国高考数学试题的解法谈起：兼谈斐波那契数列和纳卡穆拉定理及奥斯图达定理	即将出版		1661
从一道高考数学附加题谈起：兼谈广义斐波那契数列	2025－01	68.00	1662

刘培杰数学工作室
已出版(即将出版)图书目录——初等数学

书　名	出版时间	定　价	编号
从一道普通高中学业水平考试中数学卷的压轴题谈起——兼谈最佳逼近理论	2024—10	58.00	1759
从一道高考数学试题谈起——兼谈李普希兹条件	即将出版		1760
从一道北京市朝阳区高二期末数学考试题的解法谈起——兼谈希尔宾斯基垫片和分形几何	即将出版		1761
从一道高考数学试题谈起——兼谈巴拿赫压缩不动点定理	即将出版		1762
从一道中国台湾地区高考数学试题谈起——兼谈费马数与计算数论	即将出版		1763
从2022年全国高考数学压轴题的解法谈起——兼谈数值计算中的帕德逼近	2024—10	48.00	1764
从一道清华大学2022年强基计划数学测试题的解法谈起——兼谈拉马努金恒等式	即将出版		1765
从一篇有关数学建模的讲义谈起——兼谈信息熵与信息论	即将出版		1766
从一道清华大学自主招生的数学试题谈起——兼谈格点与闵可夫斯基定理	即将出版		1767
从一道1979年高考数学试题谈起——兼谈勾股定理和毕达哥拉斯定理	即将出版		1768
从一道2020年北京大学"强基计划"数学试题谈起——兼谈微分几何中的包络问题	即将出版		1769
从一道高考数学试题谈起——兼谈香农的信息理论	即将出版		1770
代数学教程.第一卷,集合论	2023—08	58.00	1664
代数学教程.第二卷,抽象代数基础	2023—08	68.00	1665
代数学教程.第三卷,数论原理	2023—08	58.00	1666
代数学教程.第四卷,代数方程式论	2023—08	48.00	1667
代数学教程.第五卷,多项式理论	2023—08	58.00	1668
代数学教程.第六卷,线性代数原理	2024—06	98.00	1669
中考数学培优教程——二次函数卷	2024—05	78.00	1718
中考数学培优教程——平面几何最值卷	2024—05	58.00	1719
中考数学培优教程——专题讲座卷	2024—05	58.00	1720

联系地址:哈尔滨市南岗区复华四道街10号　哈尔滨工业大学出版社刘培杰数学工作室
邮　　编:150006
联系电话:0451—86281378　　　13904613167
E-mail:lpj1378@163.com